ChatGPT
IG+Threads
雙效AI行銷魔法師

**串文打造粉絲互動、寫出吸睛變現貼文、
深化品牌導流連結、結合AI優化行銷策略，
一次看懂超夯社群平台**

吳燦銘 著

ZCT 策劃

限量紀念版

U0141243

博碩文化

本書如有破損或裝訂錯誤，請寄回本公司更換

作　　　者：吳燦銘 著、ZCT 策劃

編　　　輯：Cathy、魏聲圩

董 事 長：曾梓翔
總 編 輯：陳錦輝

出　　　版：博碩文化股份有限公司
地　　　址：221 新北市汐止區新台五路一段 112 號 10 樓 A 棟
　　　　　　電話 (02) 2696-2869　傳真 (02) 2696-2867

發　　　行：博碩文化股份有限公司
郵撥帳號：17484299　戶名：博碩文化股份有限公司
博碩網站：http://www.drmaster.com.tw
讀者服務信箱：dr26962869@gmail.com
訂購服務專線：(02) 2696-2869 分機 238、519
（週一至週五 09:30 ～ 12:00；13:30 ～ 17:00）

版　　　次：2024 年 11 月二版一刷

建議零售價：新台幣 480 元
Ｉ Ｓ Ｂ Ｎ：978-626-414-029-4
律師顧問：鳴權法律事務所 陳曉鳴律師

國家圖書館出版品預行編目資料

ChatGPT~IG+Threads 雙效 AI 行銷魔法師~：串文
打造粉絲互動、寫出吸睛變現貼文、深化品牌導
流連結、結合 AI 優化行銷策略，一次看懂超夯社
群平台 / 吳燦銘著. -- 二版. -- 新北市：博碩文化
股份有限公司, 2024.11
　面；　公分

ISBN 978-626-414-029-4(平裝)

1.CST: 網路行銷 2.CST: 網路社群
3.CST: 行銷管理

496　　　　　　　　　　　　113017078

Printed in Taiwan

歡迎團體訂購，另有優惠，請洽服務專線
博碩粉絲團　(02) 2696-2869 分機 238、519

商標聲明

有限擔保責任聲明

著作權聲明

本書是一本全新的社群行銷指南，我們致力於將 IG、Threads 與 ChatGPT 這三大工具的使用方式和實戰策略完美結合，讓您在行銷的道路上一帆風順。

瞬息萬變的社群網路世界，每天都有新的變化和新的挑戰。而我們在此，希望為您提供最新、最全面的社群行銷知識，無論您是品牌經營者、社群經營者或者是行銷專員，都能在這本書中找到實用的知識和操作方式。

在這本書中，我們將首先引導你進入社群行銷的世界，探討消費者的特性，以及如何在 IG 上打造粉絲互動體驗。然後，我們將深入剖析如何寫出吸引人的 IG 貼文，以及如何運用 IG 的拍照和視覺行銷技巧，從而提升你的品牌影響力。

然而，僅僅利用 IG 就能完全掌握當下的社群行銷趨勢嗎？當然不是。這就是我們介紹 Meta 新平台 "Threads" 的原因。接著，我們將深入探討 Meta 全新平台—Threads，一個文字版的 Instagram，讓您透過文字深化品牌與粉絲的連結，為您的社群行銷打開全新的可能性。

最後，我們會引導您認識 AI 聊天機器人—ChatGPT，該技術可以大大提高您行銷文案的撰寫效率和效果。我們不僅會教您如何使用 ChatGPT，還會分享其在實際行銷案例中的應用，讓您能快速上手，開始為您的品牌或企業創造價值。

寫作這本書的目的，就是希望能幫助你掌握 IG、Threads 和 AI 行銷的最新趨勢，從而提升你的品牌競爭力。你將會學到如何有效地利用這些工具，以吸引更多的粉絲，並且建立起強大的品牌影響力。同時，你也能學到如何利用 AI 來優化你的行銷策略，使其更符合目標市場的需求和期望。

此書經由豐富的實例、深入淺出的敘述以及實戰操作的步驟，期望讓讀者能真實感受到社群行銷的魅力並熟練掌握。無論你是已經在使用 IG 和 Threads 的行銷人員，還是剛接觸這些工具的新手，我們相信這本書都能提供你一些新的思路和靈感。筆者期待你能夠在閱讀這本書的過程中，找到適合你的行銷策略，並且成功地實現你的行銷目標。

目　錄

03　觸及率翻倍的 IG 拍照御用工作術與視覺行銷..3-1

01

視覺化社群行銷的
黃金入門課

我們每天的生活受到行銷活動的影響既深且遠，行銷的英文是 Marketing，簡單來說，就是「開拓市場的行動與策略」。Peter Drucker 曾經提出：「行銷（Marketing）的目的是要使銷售（Sales）成為多餘，行銷活動是要造成顧客處於準備購買的狀態。」時至今日，現代人已經離不開網路，網路正是改變一切的重要推手，而與網路最形影不離的就是「社群」。社群的觀念可從早期的 BBS、論壇，一直到部落格、Instagram、Facebook、YouTube、Twitter（推特）、LINE 或者微博，主導了整個網路世界中人跟人的對話，網路傳遞與主導的控制權已快速移轉到用戶手上，更進化成擁有策略思考與行銷能力的利器，社群平台的盛行，讓全球電商們有了全新的行銷管道，不用花大錢，小品牌也能在市場上佔有一席之地。

⌯ 沒有吸睛的圖片，絕對進不了消費者的眼底

在這個講究視覺體驗的年代，人類有 80% 的經驗與資訊來自於視覺，視覺化行銷是近十年來才開始成為店家推廣與導流的重要方式，隨著 5G 時代的到來，視覺化行銷策略越發受到品牌們的重視，社群與視覺化行銷的無縫接軌，視覺內容開始走向主流王道，商家創造屬於品牌風格的簡約，且吸引人的影音與圖像，反而更能輕鬆地將訊息傳遞給廣大粉絲，更為數位行銷的領域造成了海嘯般的集客瘋潮效應。

TIPS 5G（Fifth-Generation）指的是行動電話系統第五代，由於大眾對行動數據的需求年年倍增，因此需要第五代行動網路技術，5G 可實現 10Gbps 以上的傳輸速率。這樣的傳輸速度可以在短短 6 秒中，下載 15GB 完整長度的高畫質電影，在 5G 時代，數位化通訊能力大幅提升，並具有「高速度」、「低遲延」、「多連結」的三大特性。

1-1　認識社群與品牌

🎧 社群的網狀結構示意圖

「社群」最簡單的定義，可以看成是一種由節點（Node）與邊（Edge）所組成的圖形結構（Graph），其中節點所代表的是人，至於邊所代表的是人與人之間的各種相互連結的多重關係，新成員的出現又會產生更多的新連結，節點間相連結邊的定義具有彈性，甚至於允許節點間具有多重關係，整個社群所帶來的價值就是每個連結創造出價值的總和，進而形成連接全世界的社群網路。

TIPS 社群網路服務（SNS）是 Web 體系下的一個技術應用架構，是從哈佛大學心理學教授 Stanley Milgram 所提出的「六度分隔理論」（Six Degrees of Separation）來運作。這個理論主要是說在人際網路中，平均而言只需在社群網路中走六步即可到達，簡單來說，這個世界事實上是緊密相連的，只是人們察覺不出來，地球就像 6 人小世界，假如你想認識美國總統，只要找到對的人在 6 個人之間就能得到連結。

1-1-1 網路消費者的特性

網際網路的迅速發展，改變了大部分店家與顧客的互動方式，並且創造出不同的行銷與服務成果，傳統消費者的購物決策過程，通常是想到要買什麼，再跑到實體商店裡逛逛，一家家的比價和詢問，必須由店家將資訊傳達給消費者，並經過一連串心理上的購買決策活動，最後才真的付諸行動，稱為 AIDA 模式，主要是讓消費者滿足購買需求的過程，所謂 AIDA 模式說明如下：

- 注意（Attention）：網站上的內容、設計與活動廣告是否能引起消費者注意。
- 興趣（Interest）：產品訊息是不是能引起消費者興趣，包括產品所擁有的品牌、形象、信譽。
- 渴望（Desire）：讓消費者產生購買欲望，因為消費者的情緒會去影響其購買行為。
- 行動（Action）：使消費者立刻採取行動的作法與過程。

全球網際網路的商業活動，仍然持續高速成長，也促成消費者購買行為的大幅改變，根據各大國外機構的統計，網路消費者以 30-49 歲男性為多數，教育程度則以大學以上為主，充分顯示出高學歷、青壯族群與相關專業人才，多半是網路購物主要客群。相較於傳統消費者來說，網路消費者可以使用網路收集資料」，提升對商品了解的速度；另外，購買商品後也

∩ 搜尋與分享是網路消費者的最重要特性

會主動在網路上分享，給予商品體驗後的評價。這些購物經驗更會影響其往後的購物決策，因此網路消費者的模式就多了兩個 S，也就是 AIDASS 模式，代表搜尋（Search）與分享（Share）產品資訊的意思。

現在網路購買行為已經完全不一樣了，例如各位平時有沒有一種體驗，當心中浮現出購買某種商品的欲望，當對商品不熟時，通常會不自覺打開 Google、IG、臉書或 YouTube 等社群平台，搜尋網友對購買過這類商品的心得或相關價格，特別是年輕購物者都有行動裝置，很容易隨手找到最優惠的價格，所以搜尋是網路消費者一個很重要特性，也是引導用戶發現產品資訊的重要過程。

分享（Share）也是網路消費者的另一種特性之一，網路最大的特色就是打破了空間與時間的藩籬，與傳統媒體最大的不同在於「互動性」，由於大家都熱衷社群、互動，積極創造和分享內容，所以分享是行銷的終極武器，除了能迅速傳達到消費族群，也可以透過消費族群分享到更多的目標族群裡。

1-1-2　社群商務與粉絲經濟

比起一般傳統廣告，現代消費者更相信網友或粉絲的介紹，根據國外最新的統計，88% 的消費者會被社群其他用戶的意見或評論所影響，表示 C2C（消費者影響消費者）模式的力量愈來愈大，深深影響大多數重度網路者的購買決策，這就是社群口碑的力量，藉由這股勢力，也漸漸地發展出另一種商務形式「社群商務（Social Commerce）」。

> **TIPS**　「消費者對消費者」（Consumer to Consumer, C2C）模式就是指透過網際網路交易與行銷的買賣雙方都是消費者，由客戶直接賣東西給客戶，網站則是抽取單筆手續費。每位消費者可以透過競價得到想要的商品，就像是一個常見的傳統跳蚤市場。

臉書創辦人 Mark Zuckerberg：「如果我一定要猜的話，下一個爆發式成長的領域就是社群商務」。社群商務的定義就是社群與商務的組合名詞，透過社群平台來獲得更多顧客，由於社群中的人們彼此會分享資訊，相互交流間接產生了依賴與歸屬感，並利用社群平台的特性鞏固粉絲與消費者，不但能提供消費者在社群空間的分享與溝通，又能滿足消費者的購物欲望，更進一步能創造店家或品牌更大的商機。

至於粉絲經濟的定義，就是基於社群商務而形成的一種經濟思維，透過交流、推薦、分享、互動模式，不但是一種聚落型經濟，社群成員之間的互動是粉絲經濟運作的動力來源，就是泛指架構在粉絲（Fans）和被關注者關係之上的經營性創新交易行為。品牌和粉絲就像一對戀人一樣，在這個時代做好粉絲經營，首先要知道粉絲到社群是來分享心情，而不是來看廣告，現在的消費者早已厭倦老舊的強力推銷手法，唯有仔細傾聽彼此需求，關係才能走得長遠。

視覺化社群行銷的黃金入門課

1-1-3 SoLoMo 模式

近年來公車上、人行道、辦公室，處處可見埋頭滑手機的低頭族，隨著愈來愈多社群平台提供了行動版的行動社群，透過手機使用社群的人口正在快速成長，形成行動社群網路（Mobile Social Network），這是一個消費者習慣改變的重大結果，當然有許多店家與品牌在 SoLoMo（Social、Local、Mobile）模式中趁勢而起。所謂 SoLoMo 模式是由 KPCB 合夥人 John Doerr 於 2011 年提出的一個趨勢概念，強調「在地化的行動社群活動」，主要是因為行動裝置的普及和無線技術的發展，讓 Social（社交）、Local（在地）、Mobile（行動）三者合一能更為緊密結合，顧客會同時受到社群（Social）、本地商店資訊（Local）、以及行動裝置（Mobile）的影響，代表行動時代消費者會有以下三種現象：

- 社群化（Social）：在行動社群網站上互相分享內容已經是家常便飯，很容易可以仰賴社群中其他人對於產品的分享、討論與推薦。

- 本地化（Local）：透過即時定位找到最新最熱門的消費場所與店家訊息，並向本地店家購買服務或產品。

- 行動化（Mobile）：民眾透過手機、平板電腦等裝置隨時隨地查詢產品或直接下單購買。

🎧 行動社群行銷提供即時購物商品資訊

例如各位想找一家性價比較高的餐廳用餐，透過行動裝置上網與社群分享的連結，然後藉由適地性服務（LBS）找到附近口碑不錯的用餐地點，都是 SoLoMo 很常見的生活應用。

> **TIPS**　「適地性服務」（Location Based Service, LBS）或稱為「定址服務」，是行動領域相當成功的環境感知應用，就是指透過行動隨身設備的各式感知裝置，例如當消費者在到達某個商業區時，可以利用手機等無線上網終端設備，快速查詢所在位置周邊的商店、場所以及活動等即時資訊。

1-1-4　品牌建立與社群行銷

品牌（Brand），就是一種識別標誌，也是企業價值理念與品質體現的核心，甚至已經成長為現代企業的寶貴資產，更是重新思維與定位自身的品牌策略。在社群媒體普及的商業世界中，品牌經營也愈來愈受重視，許多店家平日只是將社群平台當作推銷產品的傳聲筒，卻忽略了社群最重要的功能就是建立與行銷品牌。隨著目前社群的影響力愈大，社群行銷不是只把粉絲專頁當成佈告欄，還要運用各種不同的方式經營內容，讓粉絲們最後成為品牌的擁護者。

社群行銷的第一步驟就是要了解你的品牌與產品定位，並且分析出你的目標受眾（Target Audience, TA）。例如蝦皮購物平台在進行社群行銷的終極策略就是「品牌大於導購」，有別於一般購物社群把目標放在導流購物上，蝦皮則堅信將品牌建立在大眾心目中的好印象才是最重要目標。

🎧 蝦皮購物為東南亞及台灣最大的行動購物社群平台

話說社群行銷（Social Media Marketing）真的有那麼大威力嗎？根據最新的統計報告，有 2/3 美國消費者購買新產品時會先參考社群上的評論，且有 1/2 以上受訪者會因為社群的推薦而嘗試陌生品牌。大陸紅極一時的小米機運用社群經營與粉絲專頁，發揮了口碑行銷的最大效能，使得小米品牌的影響力能夠迅速在市場上蔓延，也能讓小米機在上市前就得到充分曝光的效益。

↪ 小米機成功運用社群贏取大量粉絲

1-2　社群行銷的特性

正所謂「顧客在哪、行銷點就在哪」，對於行銷人員來說，數位行銷的工具相當多，很難一一投入且所費成本也不少，而社群媒體則是目前大家最廣泛使用的工具。尤其是剛成立的品牌或小店家，沒有專職的行銷人員可以處理行銷推廣的工作，所以使用社群來行銷品牌與產品，絕對是店家與行銷人員不可忽視的熱門趨勢。

↪ Gap 在 Instagram 發佈的時尚短片，經常引起廣大迴響

　　所謂「戲法人人會變，各有巧妙不同」，社群行銷不只是一種網路行銷工具的應用，如果大量結合視覺化內容，還能促進真實世界的銷售與客戶經營，並達到提升黏著度、強化品牌知名度與創造品牌價值，首先我們必須了解社群行銷的四大特性。

1-2-1　分享性

　　分享在社群行銷的層面上，有些是天條，絕對不能違背，無論粉絲專頁或社團經營，最重要的都是社群訊號（Social Signal）。例如「分享」絕對是經營品牌的必要成本，還要能與消費者引發「品牌對話」的效果。社群並不是一個可以直接販賣的場所，有些店家覺得設了一個 Instagram 粉絲專頁，以為三不五時到 IG 貼貼文、放放圖片，就可以打開知名度，讓品牌能見度大增，這種想法還真是大錯特錯！事實上，就算許多人已經成為你的粉絲，不代表他們就一定願意被你推銷。

> **TIPS**　社群訊號（Social Signal），也稱為社交訊號，就是用戶與社群媒體的互動行為，包括影片觀看次數、留言數、瀏覽量、點擊率、分享次數、訂閱等，任何能引起受眾反應的都是好事。

　　社群行銷要不斷創造分享與討論，因為所有社群行銷只有透過「借力使力」的分享途徑，才能增加品牌的曝光度。例如在社群中分享真實小故事，或者關於店家產品的操作技巧、密技、好康議題等類型的貼文，絕對會比廠商付費狂轟猛炸的業配文更讓人吸睛，如果配合視覺化內容分享，更需要注重品質，包括圖片／影片美觀性、清晰性、創意性、娛樂性和新聞性，更重要是緊密配合你的行銷主軸，千萬不

要圖不對題，就像放上一張美輪美奐的田園風景圖片，就絕對吸引不了需要最新潮牌服飾的美少女們。

所謂「業配」（Advertorial）是「業務配合」的簡稱，業配金額從數萬到上百萬都有，也就是商家付錢請電視台的業務部或是網路紅人對該店家進行採訪，透過電視台的新聞播放或網路紅人的推薦商品。

🎧 陳韻如靠著分享瘦身經驗坐擁大量粉絲

社群上相當知名的 iFit 愛瘦身粉絲團，成功建立起全台最大瘦身社群，更直接開放網站團購，後續並與廠商共同開發瘦身商品。創辦人陳韻如小姐主要是經常分享自己的瘦身經驗，除了將瘦身專業知識以淺顯短文表現，強調圖文整合，穿插討喜的自製插畫，搭上現代人最重視的運動減重的風潮，讓粉絲感受到粉絲團的用心經營，難怪讓粉絲團大受歡迎。

1-2-2　多元性

　　「平台多不見得好，選對粉絲才重要！」社群的魅力在於它能自行滾動，由於青菜蘿蔔各有喜好不同，市面上那麼多不同的社群平台，第一步要避免所有平台都想分一杯羹的迷思，最好先選出一個打算全力經營的社群平台，稍有知名度之後，才開始經營其他平台，並發展出適應每個平台不同粉絲的內容。操作社群最重要的是觀察，由於用戶組成十分多元，觸及受眾也不盡相同，選擇時的評估重點在於目標客群、觸及率跟使用偏好，應該根據社群媒體不同的特性，訂定社群行銷策略，例如千萬不要將 FB 內容原封不動分享到 IG。

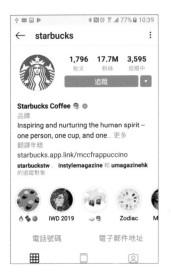

⋒ 星巴克喜歡在 IG 上推出有故事的行銷方案

　　在社群中每個人都可以發聲，平台用戶樣貌也各自不同，因應平台特性不同，先釐清自家商品定位與客群後，再依客群的年齡、興趣與喜好擬定行銷策略。例如 WeChat（微信）及 LINE 在亞洲世界非常熱門，而且各自有特色，Twitter 由於有限制發文字數，不過具備有效、即時、講重點的特性，在歐美各國十分流行。如果是針對零散的個人消費者，推薦使用 Instagram 或 Facebook 都很適合。

1-2-3 黏著性

「熟悉衍生喜歡與信任」是廣受採用的心理學原理，好的社群行銷技巧，除了提高品牌的曝光量，創造使粉絲們感興趣的內容，特別是深度經營客群與開啟彼此間的對話就顯得非常重要。社群行銷成功的關鍵字不在「社群」，而在於「互動」！店家光是會找話題，還不足以引起粉絲的注意，根據統計，社群上只有百分之一的貼文，被轉載超過七次，贏取粉絲信任是一個長遠的過程，觸及率往往不是店家所能控制，黏著度才是重點，了解顧客需求並實踐顧客至上的服務，如此一來就能增加網站或產品的知名度，大量增加商品的曝光機會，並產生消費忠誠和提高績效的積極影響。

🎧 蘭芝經常在社群上與粉絲互動來培養小資女黏著度

視覺化的時代來臨，消費者喜歡追求具有視覺效果的內容，因為比起完美，人們更希望看到美麗的真實內容。蘭芝（LANEIGE）最懂得「視覺化」才是銷售王道，主打具有韓系特點的保濕商品，品牌經營的策略目標是培養與粉絲的長期關係，為品牌引進更多新顧客，養成和客戶在社群上緊密聯繫的好習慣，務求每天都必須跟粉絲進行貼心的互動，這也是增加社群歸屬感與黏著性的好方法，包括定時有專人到粉絲頁去維護留言，強化品牌知名度與創造品牌溫度。

1-2-4 傳染性

社群行銷本身就是一種內容行銷（Content Marketing），著眼於利用人們的碎片化時間，過程是不斷創造口碑價值的活動，根據國外統計，約莫有 50% 的消費者，會聽信陌生部落客的推薦而下購買決策。由於網路大幅加快了訊息傳遞的速度，社

群網路具有獨特的傳染性功能，也拉大了傳遞的範圍，那是一種累進式的行銷過程，能產生「投入」的共感交流，講究的是互動與對話，真正能夠為粉絲創造「價值」與贏得「信任」的行銷過程。

TIPS　一篇好的貼文內容就像說一個好故事，反而更具行銷感染力，其中更是以影片內容最為有效可以吸引人點閱。內容行銷（Content Marketing）必須更加關注顧客的需求，因為創造的內容還是為了某種行銷目的，銷售意圖絕對要小心藏好，也不能只是每天產生一堆內容，必須長期經營與追蹤與顧客的互動。

社群行銷能夠透過網路無遠弗屆以及社群的口碑效應，最好加上視覺化效果結合鼓舞人心的文字，讓粉絲能夠融入此情境並有感而發，口耳相傳之間被病毒式轉貼內容，透過現有粉絲吸引新粉絲，利用口碑、邀請、推薦和分享的方式，在短時間內提高曝光率，借此營造「氣氛」（Atmosphere），引發社群的熱烈迴響與互動。

⋒ ALS 冰桶挑戰賽在全球社群上引起熱烈討論

例如 2014 年由美國漸凍人協會發起的冰桶挑戰賽，就是一個善用社群媒體來進行口碑式的行銷活動。該次活動的發起是為了喚醒大眾對於肌萎縮性脊髓側索硬化症（ALS，俗稱漸凍人）的重視，挑戰方式很簡單，志願者可以選擇在自己頭上倒一桶冰水，或是捐出 100 美元給漸凍人協會。除了被冰水淋濕的畫面，足以滿足人們的感官樂趣，加上活動本身簡單、有趣，更獲得不少名人加持，讓社群討論、分

視覺化社群行銷的黃金入門課

享、甚至參與這個活動變成一股深具傳染力的新興潮流，不僅表現個人對公益活動的關心，也和朋友多了許多聊天話題。

TIPS 「使用者創作內容」（User Generated Content, UGC）行銷是指由使用者來創作內容的方式，這種聚集網友來創作內容，可以看成是一種由品牌設立的短期行銷活動，觸發網友的積極性去參與影像、文字或各種創作的熱情，使廣告不再只是廣告，不僅能替品牌加分，也讓網友擁有表現自我的舞台，讓每個參與的消費者更靠近品牌。

1-3　買氣紅不讓的 IG 行銷心法　>

　　Instagram 是目前最強大社群行銷工具之一，全球擁有超過 10 億的用戶數，是眾多社交平台中和粉絲互動率最高的平台，全球每天使用 IG 的高達 5 億活躍用戶，台灣每月的活躍用戶也達到 740 萬人，將近台灣三分之一的人口，絕對是有助於為品牌和店家帶來更好的市場推動力。

🎧 可口可樂在 IG 視覺化品牌行銷上非常用心經營

1-3-1　一擊奏效的品牌定位原則

　　企業所面臨的市場就是一個不斷變化的競爭環境，而消費者也變得越來越精明，我們要了解並非所有消費者都是你的目標客戶，企業必須從目標市場需求和市場行銷特點出發，再配合社群行銷規劃出自我競爭優勢與精準找到目標客戶。例如蔡依林、周杰倫、林俊傑、羅志祥、安室奈美惠、蔡阿嘎等明星網紅的粉絲大都以年輕族群為主，這些明星／網紅經常在 IG 上分享貼文，可讓追蹤他們的粉絲得知最新的消息。

🎧 明星／網紅經常會在 IG 上分享最新的訊息和動態

　　不管是個人、企業、品牌店家，都必須先確認自家的品牌定位，有了明確的定位和受眾對象，就可以朝著目標前進。如右下圖所示的個人部落格，除了用戶名稱命名為「kaohsiungfood」外，貼文和相片大都是介紹高雄美食，而且貼文中詳盡介紹每項餐點的價格、特色、商家地址、電話、營業時間…等資訊，對於高雄人來說，想要嚐鮮、品嚐美食，直接追蹤她就可以了！

🎧 企業品牌或個人，都可在 IG 上進行行銷宣傳

根據調查，大部分年輕用戶喜歡選擇了更具個人空間的社群平台，特別選擇 IG 作為社群行銷平台，例如東京著衣以平均每二十秒賣出一件衣服，獲得網拍服飾業中排名第一，就是因為打出了成功的品牌定位策略。東京著衣的市場區隔策略主要是以台灣與大陸的年輕女性所追求大眾化時尚流行的平價衣物為主，行銷的初心在於不是所有消費者都有能力去追逐名牌，反而許多年輕族群希望能以低廉的價格買到超值的服飾，並以不同單品搭配出風格多變的精美造型圖片，讓大家用平價實惠的價格買到喜歡的商品，更進一步採用「大量行銷」來滿足大多數女性顧客的需求。

🎧 東京著衣透過 IG、影音直播與粉絲交流

1-3-2　擁抱視覺風格與時尚魅力

　　「視覺化」是目前社群廣大用戶喜愛獲取資訊的主流型態，因為視覺化風格能帶來場景新體驗，更能幫助驅動消費心理，在資訊的理解上也有很大的幫助，比起閱讀廣告文字，大家更喜歡看視覺化的訊息。店家或品牌不妨試著朝粉絲的喜好深入研究，包括他們的年齡、工作、收入水平、興趣、習慣、動機…等，或是針對目標對象的特點來選定風格走向，因為用視覺化訊息打造品牌需要不間斷的傳遞一致的訊息，只有取得正確且有參考價值的訊息，才能迎合目標客戶的喜好。

☊ GAP 專賣美式休閒風服飾與配件

☊ CHANEL 走國際精品路線

　　專賣美式休閒風的男女服飾與配件的 GAP，它的視覺走向就洋溢著青春氣息與簡潔風格。至於 CHANEL 是走國際精品路線，主要追求的是品質和美感，主要客戶都是來自於上流社會，所以消費的族群完全不同，讓人能夠產生看到圖片風格就聯想到品牌精神，增加品牌辨識度。除了視覺方格之外，在這競爭激烈的市場上，誰能最快解讀時下的熱門話題，誰就有機會成為讓市場吸睛的贏家，能預先洞察時尚潮流與流行話題的企業，確實能比其他人搶先跨出步伐，獲得成功先機。

腦筋動得快
的商家,搶
搭黃色小鴨
的順風車

🎧 店家與黃色小鴨搭配出各種有趣而創意的商品

　　品牌要在社群媒體上與眾不同,就必須提供粉絲具有價值的資訊,積極與時尚潮流結合,而非一味地自我推銷,誰能掌握市場脈動,誰就找到了賺錢的捷徑,視覺風格也能更貼近名人生活,例如追蹤明星、時尚品牌、雜誌,就能隨時接收到最新時尚潮流與流行話題,只要成功引爆話題,就能將所上傳的影音圖片如病毒般的擴散,並且一傳十、十傳百地快速擴散。

🎧 多追蹤名人、時尚雜誌的資訊,就有可能掌握先機

1-3-3　打造粉絲完美互動體驗

多數店家透過社群方法做行銷，最主要目標當然是增加品牌的知名度，因為當你增加產品的曝光機率，用戶對產品的感覺與滿意就會水漲船高。粉絲到社群是來分享心情而不是來看廣告，現在的消費者早已厭倦了老舊的強力推銷手法，其實就如同交朋友一樣，從共同話題開始會是萬無一失的方法！

🎧 桂格燕麥與粉絲的互動就相當成功

很多店家開始時都將目標放在大量的追蹤者，不過缺乏互動的追蹤者，對品牌而言幾乎是沒有益處。如同日常生活中的朋友圈，社群上的用語要人性化，才顯得真誠有溫度，用心回覆訪客貼文是提升商品信賴感的方式，所以只要想像自己有疑問時，希望得到什麼樣的回答，就要用同樣的態度回覆留言，讓粉絲有滿滿儀式感的體驗。粉絲絕對不是為了買東西而使用 IG，也不是為了撿便宜而對某一主題按讚，就像是與好朋友面對面講話一般，這樣的作法會讓讀者感到被尊重，進而提升對品牌的好感，如此就有了購買的機會和衝動，如果不能積極回覆粉絲的留言，粉絲也會慢慢離開你。

1-3-4　瞬間引爆的 IG 社群連結術

行動世代成為今天的主流，社群媒體仍是全球熱門入口 App，我們知道社群平台可以説是依靠行動裝置而壯大，Facebook、Instagram、LINE、Twitter、SnapChat、YouTube 等各大社群媒體，早已經離不開大家的生活，社群的魅力在於它能自己滾動，由於青菜蘿蔔各有喜好不同，例如 Facebook 以社群功能著稱，可以撰寫長篇貼文、上傳影片、評論、針對不同訊息做出不同回饋，廣泛地連結到每個人生活圈的朋友跟家人，堪稱每個人都會路過的國民平台，而且還是台灣最大直播戰場。

至於 Instagram 的受眾則跟 Facebook 有年齡與內容上的差距與喜好，基本區分方式是以年齡區分：30 歲以上多半為 FB 族群；以下則多為 IG 族群。通常用戶都擁有不同社群網站的帳戶，對於不同受眾來説，需要以不同社群平台進行推廣，透過社群平台間的互相連結，就能讓粉絲討論熱度和延續更長的時間，理所當然成為推廣品牌最具影響力的管道之一。

🎧 Instagram 很適合放以年輕人為主的影片

社群行銷的特性一切都因為「連結」而提升，了解顧客需求並實踐顧客至上的服務，建議小編們可以嘗試在不同社群網站都加入會員，每次新文章或影片新上架時，總要到各大平台去宣傳，讓粉絲常常會停下來看到你的訊息，透過貼文的按讚和評論，來增加每個連結的價值，因為唯有連結，才能真正鏈結，一旦鏈結建立成功，讓潛在用戶產生實際的轉換，成為真正帶來訂單的消費者，並將更多流量導向最後採取購買的行動，以發揮最大成效。例如衣著服飾配件這些年輕族群喜愛的商品可以被實境展示，然後直接分享到 Facebook、Twitter、YouTube 等社群網站。

02

零秒爆量成交的 PO 文
速成心法

「做社群行銷就像談戀愛，多互動溝通最重要！」社群平台如果沒有長期的維護經營，有可能會讓粉絲們無情地取消關注。如果希望自己帳戶的追蹤者能像滾雪球一樣地成長，那麼就要讓粉絲喜歡你，關鍵就在於你能否先提供價值給他們。不會有人想追蹤一個沒有內容的粉專，因此貼文內容扮演著重要的角色，甚至粉絲都會主動幫你推播與傳達。唯有定期發文撰稿、上傳相片／影片做宣傳、注意貼文下方的留言並與粉絲互動，如此才能建立長久的客戶，加強店家與品牌的形象。

🎧 一次只強調一個重點，才能讓觀看者有深刻印象

在 IG 上發佈貼文頻率其實沒有一定的準則，不過如果經營 IG 的模式是三天打魚兩天曬網，久了粉絲肯定會取消追蹤，最好盡可能做到每天更新動態，或者一週發幾則近況，發文的頻率確實和追蹤人數的成長有絕對的關聯，例如利用商業帳號查看追蹤者最活躍的時段，就在那個時段發文，便能有效增加貼文曝光機會，或者能夠有規律性的發佈貼文，粉絲們就會願意定期追蹤你的動態。

但是也不要在同一時間連續更新數則動態，太過頻繁也會給人疲勞轟炸的感覺。當追蹤者願意按讚，一定是因為你的內容有料，所以必須保證貼文有吸引粉絲的賣點才行。由於社群平台皆為開放的空間，所發佈貼文和相片都必須是真實的內容才

行，同時必須慎重挑選清晰有梗的行銷題材，盡可能要聚焦，一次只強調一項重點，這樣才能讓觀看的用戶留下深刻的印象。

2-1　貼文撰寫的小心思

　　時下利用 Instagram 拉近與粉絲距離的店家與品牌不計其數，首先各位要清楚，對大多數人而言，使用 Facebook、Instagram 等社群網站的初心絕對不是要購買東西，所以在社群網站進行商品推廣時，務必「少一點銅臭味，多一點同理心」，千萬不要一味地推銷商品，最好能在文章中不露痕跡地陳述商品的優點和特色。

　　在社群經營上，首要任務就是要讀懂你的粉絲，因為投其所好才能增加他們對你的興趣，例如用心構思對消費者有益的美食貼文，即使是不起眼的小吃麵攤也能透過社群行銷，搖身變成外國旅客來訪時的美食景點，店家發文時，不妨試試提出鼓勵粉絲回應的問題，想辦法讓粉絲主動回覆，這是和他們保持互動關係最直接有效的方法。

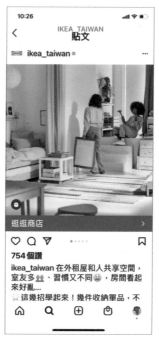

🎧 設身處地為客戶著想，撰寫出引人共鳴的貼文

零秒爆量成交的 PO 文速成心法

發佈貼文的目的當然是盡可能讓越多人看到越好，一張平凡的相片，如果搭配一則好文章，也能搖身一變成為魅力十足的貼文。寫貼文時要注意標題訂定，設身處地為用戶著想，了解他們喜歡聽什麼、看什麼，或是需要什麼，這樣撰寫出來的貼文較能引起共鳴，千萬不要留一些言不及義的罐頭訊息、丟表情符號或嗯啊這樣比較沒 fu 的互動方式。標題部分最好還能包括關鍵字，同時將關鍵字隱約出現在貼文中，然後同步分享到各社群網站上，如此可以大大增加觸及率。

2-1-1　按讚與留言

在 Instagram 中和他人互動是很簡單的事，對於朋友或追蹤對象所分享的相片／影片，如果喜歡的話可在相片／影片下方按下 ♡ 鈕，它會變成紅色的心型 ♥，這樣對方就會收到通知。如果想要留言給對方，則是按下 ◯ 鈕在「留言回應」的方框中進行留言。真心建議有心的店家每天記得花一杯咖啡的時間，去看看有哪些內容值得你留言分享給愛心。

2-1-2　珍藏內容

在探索主題或是瀏覽好友的貼文時，對於有興趣的內容也可以將它珍藏起來，也就是保存他人的貼文到 IG 的儲存頁面。要珍藏貼文請在相片右下角按下 □ 鈕使變成實心狀態 ■ 就可搞定。貼文被儲存時，系統並不會發送任何訊息通知給對方，所以想要保留暗戀對象的相片也不會被對方發現。

按此處進行珍藏，目前顯示珍藏狀態

如果想要查看自己所珍藏的相片，請切換到「個人」 ，按下右上方的 鈕，接著點選「我的珍藏」，就會顯示「我的珍藏」頁面。如右下圖所示：

顯示所有珍藏的內容

剛剛新加入的珍藏項目

由於珍藏的內容只有自己看得到，如果珍藏的東西越來越多時，可在「珍藏分類」的標籤建立類別來分類珍藏。設定分類的方式如下：

❶按下右上角的「+」鈕

❸按「下一步」鈕

❷依序勾選相片縮圖

❺設定完成按下此鈕新增

❹輸入類別的名稱

❼按「＋」鈕繼續增加其他類別

❻類別建立成功

2-1-3　貼文加入驚喜元素

在這個知識爆炸的時代，不會有人想追蹤一個沒有內容或無趣的用戶，在貼文、留言，或是個人檔案之中，可以適時地穿插一些幽默元素，像是表情、動物、餐飲、蔬果、交通、各種標誌…等小圖示，讓單調的文字當中顯現活潑生動的視覺效果。

個人簡介中也可以穿插小圖示，以拉近和他人的距離

貼文中可加入各種生動活潑的小圖案作為點綴

要在貼文中加入這些小圖案不難，當要輸入文字時，在手機中文鍵盤上按下 ☺ 鈕，就可以切換到小插圖的面板，如右下圖所示，最下方有各種的類別可以進行切換，點選喜歡的小圖示即可加入至貼文中。

❶ 按此鈕切換到表情符號

❷ 由此切換到各種類別，再選擇要套用的圖示鈕即可

在首頁中按下 ⊕ 的新增「貼文」中，也可以輕鬆為文字貼文加入如上的各種小插圖，如左下圖所示。別忘了在 ⊕ 的新增「限時動態」中，還可以使用趣味或藝術風格的特效拍攝影像，只需簡單的套用，便可透過濾鏡讓照片充滿搞怪及趣味性，讓相片做出各種驚奇的效果，偶爾運用也能增加貼文趣味性喔！

文字貼文也可以加入小插圖

進行拍照時，左右滑動可加入各種特效

2-1-4　跟人物／地點說 Hello

要在貼文中標註人物時，只要在相片上點選人物，它就會出現「這是誰？」的黑色標籤，這時就可以在搜尋列輸入人名，不管是中文名字或是用戶名稱，IG 會自動幫你列出相關的人物，直接點選該人物的大頭貼就會自動標註，如右下圖所示。同樣地，標註地點也是非常地容易，輸入一兩個字後就可以在列出的清單中找到你要的地點。

由此進行人名的標註

輸入用戶名稱或中文名字，就可以快速找到該用戶並進行標註

2-1-5　推播通知設定

IG 主要是以留言為溝通管道，當你接收到粉絲留言時應該迅速回覆，一旦粉絲收到訊息通知，知道留言被回覆時，他也能從中獲得樂趣與滿足。若與粉絲間的交流變密切，粉絲會更專注你在 IG 上的發文，甚至會分享到其他的社群之中。如果你要確認貼文、限時動態、留言等各種訊息是否都會通知你，或是你不希望被干擾想要關閉各項的通知，那麼可在「設定和隱私」頁面的「通知」功能中進行確認。

選此項進行通知設定

點選後可依序設定
細項內容

點選「通知」後,你可以針對以上的幾項來選擇開啟或關閉通知,包括:「貼觀看文、限時動態和留言」、「追蹤名單和粉絲」、「訊息」、「募款活動」、「來自Instagram」、「其他通知類型」、「電子郵件通知」、「購物」…等。

2-2 豐富貼文的變身技

社群媒體是能經常接觸到品牌的地方,因此 IG 的貼文需要花許多時間經營與包裝,還需要編排出有亮點的文字內容,讓閱讀有更好的體驗。各位想要建立兼具色彩感的文字貼文,在 Instagram 中也可以輕鬆辦到,用戶可以設定主題色彩和背景顏色,讓簡單的文字也變得五彩繽紛。貼文不只是行銷工具,也能做為與消費者溝通或建立關係的橋樑,不妨嘗試一些具有「邀請意味」的貼文,友善地向粉絲表示「和我們聊聊天吧!」以文字來推廣商品或理念時盡可能要聚焦,而且一次只強調一項重點,這樣才能讓觀看的粉絲有深刻的印象。

2-2-1　建立限時動態文字

　　要建立限時動態文字，只要在 IG 下方按下⊞鈕，並在出現的畫面下方選定「限時動態」，並在畫面左側按「Aa」鈕建立「文字」，接著點按螢幕即可輸入文字。

按此鈕變換主題色彩

❷ 按「Aa」鈕建立「文字」

❹ 顯示你所輸入的文字內容

❸ 點一下螢幕，開始輸入文字

❶ 切換到「限時動態」

　　螢幕上方還提供文字對齊的功能，可設定靠左、靠右、置中等對齊方式。另外也提供字體色彩的變更及不同文字框的選擇：

這裡提供字體色彩的變更

變更及不同文字框的

按此鈕設定文字對齊方式

文字和主題色彩設定完成後，按下圓形的「下一步」鈕就會進入如下圖的畫面，點選「限時動態」、「摯友」、「傳送對象」等即可進行分享或傳送。

按此鈕可新增文字內容

按此鈕可將畫面儲存下來

2-2-2　吸睛 100 的文字貼文

各位可別小看「文字」貼文的功能，事實上 IG 的「文字」也可以變化出有設計味道的文字貼文，因為你可以為文字自訂色彩、為文字框加底色、幫文字放大縮小變化、為文字旋轉方向、也可以將多組文字進行重疊編排，製作出與眾不同的文字貼文。善用這些文字所提供的功能，就能在畫面上變化出多種的文字效果，組合編排這些文字來傳達行銷的主軸，也不失為簡單有效的方法。

滑動兩指指間，可調整文字大小或旋轉角度

按點一下文字就可以進入編輯狀態，再次編輯文字或屬性

文字框加底色的效果

最後編輯的文字會放置在最上層

2-2-3　重新編輯上傳貼文

　　人難免有疏忽的時候，有時候貼文發佈出去才發現有錯別字，想要針對錯誤的資訊的進行修正，可在貼文右上角按下「選項」 ⋮ 鈕，再由顯示的選項中點選「編輯」指令，即可編修文字資料。

選擇「編輯」指令編輯資料

2-2-4　分享至 Facebook 社群網站

　　由於所有行銷的本質都是「連結」，對於不同受眾來說，需要以不同平台進行推廣，如果將自己用心拍攝的圖片加上貼文放在行銷活動中，對於提升粉絲的品牌忠誠度來說則有相當的幫助。因此社群平台的互相結合能讓消費者討論熱度和延續的時間更長，理所當然成為推廣品牌最具影響力的管道之一。

　　各位如果想要將貼文或相片分享到 Facebook 社群網站，只要在 IG 下方按下 ⊕ 鈕選定相片，依序「下一步」至「新貼文」的畫面，即可選擇將貼文發佈到 Facebook 社群。由下方點選社群使開啟該功能，按下「分享」鈕相片／影片就傳送出去了。由於 Instagram 已被 Facebook 收購，所以要將貼文分享到臉書相當容易，請各位按下「進階設定」鈕使進入「進階設定」視窗，並確認偏好設定中有開啟「將貼文分享到 Facebook」的功能，這樣就可以自動將你的相片和貼文都分享到臉書上。

2-2-5 加入官方連結與聯絡資訊

在前面的章節中我們曾經強調過，個人或商家都應該在「個人」頁面上建立完善的資料，包括個人簡介、網站資訊、電子郵件地址、電話等，因為這是其他用戶認識你的第一步。但是一般用戶在瀏覽貼文時並不會特別去查看，所以以每篇貼文的最後，最好也能放上官方連結和聯絡的資訊。例如歌手羅志祥的每篇貼文後方一定會放入個人 IG 帳號或主題標籤，方便粉絲們連結。如果有其他的聯絡資訊，如商家地址、營業時間、連絡電話等也可一併放上，方便粉絲直接連結和查看：

showlostager [20181019] 美好奇妙夜 3p
Sexy🖤🔥 @showlostage #showlo
#showlostage #羅志祥
Cr:泡泡冰專送｜羅志祥

👥各項活動可私訊詢問及報名！
🔍IG搜尋：va俱樂部
📞也可點選IG個人簡介 @focus0103 上的網站，詢問及報名！

🎧 貼文最後加入聯絡資訊

2-3　閨密間的分享密碼

Instagram 是一個提供相片或視訊分享的社群平台，它允許你選擇是否要讓照片公開或是私人。相片若設為公開，那麼大家可以依據你的標籤內容而找到你的帳號，同時對你的照片按愛心；照片若為私人，那麼只有追蹤你的人才可以看到。所拍攝的相片／視訊如果只想和幾個好朋友分享，那麼可以透過「摯友名單」的功能來建立。

所建立的摯友清單只有自己知道，Instagram 並不會傳送給對方知道。唯有當你分享內容給摯友時，他們才會收到通知，而在相片或影片上會加上特別的標籤，收到分享的好友們並不會知道你有傳送給哪些人分享，所以相當具有隱密性。這項功能適合用在限時動態或特定貼文的分享。

2-3-1　編輯摯友名單

各位所拍攝的相片／視訊如果只想和幾個好朋友分享與行銷，那麼可以透過「摯友名單」的功能來建立。想要編輯摯友名單，請切換到「個人」，按下右上角的三鈕後選擇「摯友」的選項，勾選朋友名字後再按「完成」鈕即可。

2-3-2 與摯友分享

已經有設定摯友名單後，下回當你透過⊕新增「限時動態」後，就可以在下方看到「摯友」的按鈕，如左下圖所示，或是按下➔鈕進入右下圖的畫面，也可以點選「摯友」的選項來分享畫面。

03

觸及率翻倍的 IG 拍照
御用工作術與視覺行銷

年輕人喜歡美麗而新鮮的事物，Instagram 不但廣受年輕族群喜愛，特別是在相關新聞中更能看見 IG 的驚人潛力，至於 Instagram 行銷並不難，只要善用這些技巧並掌握用戶特性，你也能在上面建立知名度。許多網路商家都會透過 Instagram 限時動態來陳列新產品的圖文資訊，而消費者在瀏覽後也可以透過連結而進入店鋪做選購。

當文字加上吸睛圖片，圖片同時散發出的品牌個性及產品價值，只要你的圖片有質感與創意，足夠吸引人，就能快速累積廣大粉絲，不知不覺中就有了導購的效果，這種針對目標族群的挑動性，最能有效提升商品的點閱率。例如紐約相當知名的杯子蛋糕名店-Baked by Melissa，就成功運用 IG 張貼有趣又繽紛的相片貼文，使蛋糕照更添一份趣味，讓粉絲更願意分享，與當地甜食愛好者建立一個相當緊密的聯繫互動。

🎧 Baked by Melissa的蛋糕相片，
張張都令人垂涎欲滴

3-1　相機功能一次就上手

Instagram 行銷要成功就是要把握圖片／相片的美麗呈現，因為拍攝的相片不夠漂亮，很難吸引用戶們的目光，粉絲永遠都是喜歡網路上美感的事物，用戶可將智慧型手機所拍攝下來的相片／影片，利用濾鏡或效果處理變成美美的藝術相片，然後加入心情文字、塗鴉或貼圖，讓生活記錄與品牌行銷的相片更有趣生動，話不多說，下面我們就先來認識相關的 IG 相機拍照功能。

Instagram 要進行相片拍攝，可以透過「新增」⊕頁面，來進行自拍、拍攝景物、限時動態或直播，所拍攝的照片還可套用濾鏡、調整明暗亮度、或進行結構、亮度、對比、顏色、飽和度、暈映…等各種編修功能。

按此鈕可以啟動相機

在「新增」頁面可以將照相機功能應用在貼文、限時動態或直播

3-1-1　拍照／編修私房撇步

用戶可以將智慧型手機所拍攝下來的相片，透過編輯工具將照片提升亮度、銳利化、或調整角度，而透過濾鏡能幫助他們傳遞一致的心境與情緒，這些具有 Instagram 效果的圖像，更對品牌行銷產生一定的影響性。

透過「新增」⊕頁面的「相機」◉鈕將會進入拍照狀態。按下「閃光燈」鈕會開啟相機的閃光燈功能，方便在灰暗的地方進行拍照。

自拍／拍景物

加入閃光燈

　　調整好位置後，按下白色的圓形按鈕進行拍照，之後就是動動手指頭來進行濾鏡的套用和旋轉／縮放畫面，多這一道手續會讓畫面看起來更吸睛搶眼。各位也可以選用「新增」⊕功能，在拍攝相片後是透過縮圖樣本來選擇套用的濾鏡，切換到「編輯」標籤則是有各種編輯功能可選用。

直接可看到各種濾鏡套用的效果，可快速選取

提供的各種編輯功能

　　Instagram 所提供的相片「編輯」功能共有十多種，包括：調整、亮度、對比、結構、暖色調節、飽和度、顏色、淡色、亮部、陰影、暈映、移軸鏡頭、銳化，點選任一種編輯功能就會進入編輯狀態，基本上透過手指指尖左右滑動即可調整，確認畫面效果則按「完成」離開。

　　這裡將「編輯」功能中常用的功能做簡要的說明：

- 調整：可再次改變畫面的構圖，也可以旋轉照片，讓原本歪斜的畫面變正。

- 亮度：將原先拍暗的照片調亮，但是過亮會損失一些細節。

- 對比：變更畫面的明暗反差程度。

- 結構：讓主題清晰，周圍變模糊。

- 暖色調節：用來改變照片的冷、暖氛圍，暖色調可增添秋天或黃昏的效果，而冷色調適合表現冰冷冬天的景緻。

- 飽和度：讓照片裡的各種顏色更艷麗，色彩更繽紛。

- 顏色：可決定照片中的「亮度」和「陰影」要套用的濾鏡色彩，幫你將相片進行調色。

- 淡化：讓相片套上一層霧面鏡，呈現朦朧美的效果。

- 亮部：單獨調整畫面較亮的區域。

- 陰影：單獨調整畫面陰影的區域。

- 暈映：在相片的四個角落處增加暈影效果，讓中間主題更明顯。

- 移軸鏡頭：利用兩指間的移動，讓使用者指定相片要清楚或模糊的區域範圍，打造出主題明顯，周圍模糊的氛圍。

- 銳化：讓相片的細節更清晰，主題人物的輪廓線更分明。

　　如左下圖所示是「調整」功能，使用指尖左右滑動可以調整畫面傾斜的角度，讓畫面變得更搶眼而有動感，透過「移軸鏡頭」功能可以選擇畫面清晰和模糊的區域範圍，就如右下圖所示，將背景變得模糊些，畫面就比左下圖的更鮮明。

使用指尖左右滑動可以
調整畫面傾斜的角度

選用「放射狀」後，可
以手指尖控制畫面清楚
和模糊的區域範圍

3-1-2 夢幻般的濾鏡功能

　　IG 是個比較能展現自我與尋找美學靈感的平台，許多品牌主都不斷地在思索，如何在 IG 上創造更能吸睛的內容，Instagram 有非常強大的濾鏡功能，能夠輕鬆幫圖像增色，圖片要有自己的品味與風格，就可以透過濾鏡效果處理後變成美美的藝術相片。根據美國大學調查報告指出，使用濾鏡優化圖像的貼文比未使用的高出 21%的機會被檢視與注意，並得到更多回文機會。如左下圖所示是原拍攝的水庫景緻，只要一鍵套用濾鏡效果，自然翠綠的湖面立即顯現。

🎧 原拍攝畫面套用「Clarendon」濾鏡

3-1-3 從圖庫分享相片

IG 代表的不只是一個社群平台，而可以看成是每個現代人日常生活的縮影世界，年輕族群是 IG 的主要用戶，對圖像感受力特別敏銳，對於現代年輕人來說，大家刷 IG 也都是先看圖再看文字，圖片比文字吸引人，也更符合這個世代溝通方式。新手如果要從圖庫中進行相片或影片的分享，選用「新增」⊕貼文功能後，即可瀏覽並選取已拍攝的相片。圖片對於 IG 視覺化行銷面著手，讓圖片說故事是最好的行銷概念，對於年輕客群而言，第一眼視覺接觸往往直接反應喜好與否。將自己用心拍攝的圖片加上文字分享至行銷活動中，對於提升品牌忠誠度來說會有相當大的幫助。貼文中也可以一次放置十張的相片或影片，如要放置多張相片請點選 ▣ 鈕，相片縮圖的右上角就會出現圓圈，請依序點選縮圖即可。

❶ 點選此鈕進行多張相片的選取

❷ 依序選取要使用的相片

3-1-4 酷炫有趣的限時動態

　　如果你有使用「新增」⊕ 想在 IG 加入限時動態，在進行拍照前，於拍照鈕左右處進行滑動，還可以套用各種的效果。各位只要點選圖案鈕套用，就可以馬上看到效果。各位不妨整個瀏覽一番，這樣下一次使用時就能運用自如。

此處顯示的按鈕列，請選取想要套用的按鈕圖案

3-1-5 夢幻般的 BOOMERANG

　　在新增限時動態時，也可以嘗試使用「BOOMERANG」模式進行創意小影片的拍攝，它可將影片限定在短暫 1 秒左右的拍攝長度，能夠珍藏生活中每個有趣又驚喜的剎那時刻。只要有移動的動作，透過 BOOMERANG 就能製作迷你影片。

　　當各位切換到「BOOMERANG」模式，按下拍照鈕就會看到按鈕外圍有彩色線條進行運轉，運轉一圈計時完畢，小影片就拍攝完畢。如下圖所示，拍攝完成時再加入文字和插圖，透過這樣方式就可以讓拍攝的內容變有趣。

❶ 按下圓形鈕進行
錄影，並做書本
翻頁的動作

❷ 按此鈕加入點綴
的插圖

❸ 顯示加入的插圖

3-2　創意百分百的修圖技法

　　對於 Instagram 行銷而言，為了拍出一張討讚的 Instagram 好照片，是不是總讓你費盡心思？在許多品牌獨特且美好的視覺內容引誘與衝擊下，高達 70% 的用戶會因為這些相片啟發而採取行動，萬一你不是攝影高手，卻又擔心圖像不夠漂亮很難讓粉絲動心？各位不要以為有神仙顏值不用修圖，就算是拍花瓶也不要忘了 P 圖！各位接下來就要學習相片的創意編修功能，透過圖片串聯粉絲，可以快速建立起一個個色彩鮮明的品牌社群，讓每個精彩畫面都能與好友或他人分享。

3-2-1 相片縮放／裁切功能

請利用下方的「分享拍照」⊕進行相片的編修，點選⊕後可在視窗下方的「圖庫」選取以前所拍攝的相片／影片，也可以立即進行「相片」拍照，選取相片後可按下左下角的🔲鈕對相片進行縮放或剪裁。

❷ 按此鈕，然後動動你的手指頭調整相片的比例位置

❸ 瞧！人物更清楚了

❶ 由「圖庫」選取現有相片，或是進行拍照

3-2-2 調整相片明暗色彩

想要調整相片的明暗對比或色彩，利用「編輯」功能就可以做到，「編輯」所提供的各項功能，基本上是透過滑桿進行調整，滿意變更的效果則按下「完成」鈕確定變更即可。

「編輯」所提供的各項功能，以指尖左右滑動進行切換

3-3　一次到位的影片拍攝密技

在這個講究視覺體驗的年代，大家都喜歡看有趣的影片，動態視覺呈現更能有效吸引大眾的眼球，影片絕對是未來社群行銷的重點趨勢，例如不到一分鐘的開箱短影片的方式，就能幫店家潛移默化教育消費者如何在不同的情境下使用產品。

3-3-1　用「相機」來錄影

在這個所有人都缺乏耐心的時代，影片須在幾秒內就能吸睛，影片所營造的臨場感及真實性確實更勝於文字與圖片，只要影片夠吸引人，就可能在短時間內衝出高點閱率。如果是拍攝影片，影片開頭或預設畫面就要具有吸引力且主題明確，尤其是前3秒鐘最好能將訴求重點強調出來，才能讓觀看者快速了解影片所要傳遞的訊息，方便網友「轉寄」或「分享」給社群中的其他朋友。

當各位按 IG 下方中間的 ⊕ 鈕新增「貼文」畫面中的「相機」 ◎ 功能來錄製影片，只要調整好畫面構圖，按下圓形白色按鈕就開始錄影，手指放開按鈕則完成錄影。

3-3-2　一按即錄

當各位按 IG 下方中間的 ⊕ 新增鈕的「限時動態」功能中的「一按即錄」功能，使用者只要在剛開始錄影時按一下圓形按鈕，接著就可以專心拿穩相機拍攝畫面，或是在錄製過程中也可以透過手指縮放畫面，直到結束時再按下按鈕即可，而每段影片的時間以繞圓周一圈為限，共一分鐘的時間才會結束錄製。

此功能不用一直按
著按鈕進行錄影，
是拍攝的最佳夥伴

3-3-3　直播影片不求人

　　目前全球玩直播正夯，許多企業開始將直播作為行銷手法，消費觀眾透過行動裝置，特別是 35 歲以下的年輕族群觀看影音直播的頻率最為明顯，利用直播的互動與真實性吸引網友目光，從個人販售產品透過直播跟粉絲互動，延伸到電商品牌透過直播行銷，相對於在社群媒體發布的貼文，有將近 8 成以上的人認為直播是更有趣，更容易吸引他們注意力的行銷方式。特別是各家社群平台陸續開放直播功能後，手機成為直播最主要工具；其中觸及率最高的第一個就是直播功能。

　　直播成功的關鍵在於創造真實的內容，手段在於「展示」而非「推銷」，不僅能拉近品牌和消費者之間的距離，更顛覆了傳統行銷思維，增進品牌的透明度，帶來了更大的產品聲量與銷售量。Instagram 直播非常實用，因為無需購買專業設備即可上線直播，只需要有智慧型手機就可以開始，不需要專業的影片團隊也可以製作直播，所以不管是明星、名人、素人，通通都要透過直播和粉絲互動。Instagram 的「直播」功能和 Facebook 的直播功能略有不同，它可以在下方留言或加愛心圖示，也會顯示有多少人看過，但是 Instagram 的直播內容並不會變成影片，而且會完全的消失。當各位按 IG 下方中間的 ⊕ 鈕，功能底端選用「直播」，只要按下「直播」鈕，Instagram 就會通知你的一些粉絲，以免他們錯過你的直播內容。

3-4　魔性視覺內容的爆棚行銷力

　　店家或品牌想要不花大錢，小品牌也能痛快做行銷，並以 Instagram 進行年輕族群的行銷媒介，就必須對影音 / 圖片的行銷技巧有所了解。由於每個社群平台都有專屬的特性，尤其現在的消費者早已厭倦了老舊的強力推銷手法，太商業性質的行銷手法會造成反效果，所以行銷品牌或商品時當然要以色彩豐富、畫面精緻、視覺吸睛、新潮有趣的相片或影片為主流模式。

⋒ Adidas 的視覺行銷力相當與眾不同

3-4-1 別出心裁的組合相片功能

小編們想要將多張相片組合在一張畫面上，可以利用「新增」⊕「限時動態」所提供的「版面」來處理。組合相片的特點是可以製作有趣又獨一無二的版面佈局。如果你尚未使用過「版面」的功能，請由 Instagram 底端按下⊕鈕，切換到「限時動態」標籤，接著按下⊞鈕，就可以依照預設的「版面」配置，由圖庫中選取照片再進行各種不同效果的拍照，或是自行拍照。

如果想變更版面的配置方式，可以按下「變更網格⊞」鈕，就會出現如下圖的各種不同的版面配置供各位進行選擇。

確定好自己所需要版面配置方式，接著就可以自行拍照或從圖庫中選取照片，如下圖所示為筆者由圖庫中自行選取一張相片，就會被放置在目前版面配置的第一個位置：

套用版面後如果想要變更相片，只要長按相片，按下「🗑」刪除鈕就可以將該圖片刪除，接著重新從圖庫選擇或拍照相片。接著各位可以先從下方的圖庫中點選要使用的相片，接著由上方選擇想要使用的版面進行套用。如下圖所示就是一個完整的版面，確認無誤後，再按下「✓」鈕就可以完成所選定的版面配置的限時動態。

接著各位還可以傳送限時動態前，利用螢幕頂端的幾個功能按鈕在限時動態的圖片上加入各種文字特效、插圖…等，一切就緒後，就可以將所完成的組合照片，傳送給指定的摯友或直接傳送到限時動態。如右圖所示：

3-4-2　催眠般的多重影像重疊

各位拍攝產品也可以讓多張相片重疊組合在一個畫面上，讓人有吸睛放閃的朦朧般感覺，使用方式很簡單，利用「新增」⊕畫面中的「限時動態」，這時可以選擇拍攝眼前的景物或自拍，也可以從圖庫中找到你曾經儲存過的畫面。拍照或選取相片後，在相片上方按下「插圖」😊鈕，出現如右下圖的選項時請點選「自拍照」圖示，接著顯示前鏡頭再進行自拍。

❷按此鈕顯示插圖

❶由圖庫中選取要使用的畫面

❸選取相機圖示後，可進行前景畫面的拍攝

自拍照有提供了幾種不同模式，只要以手指左右滑動就會自動做切換。調整好位置，按下前鏡頭下方的白色圓鈕即可快照相片。拍攝後還可進行大小或位置的調整，也可以旋轉方向，拍攝不滿意則可拖曳至下方的垃圾桶進行刪除，相當方便。透過這樣的方式，你就可以發揮創意，盡情地將你的商品融入生活相片之中。

❶點選前鏡頭這種模式

❷按下白圓鈕進行拍照

❸拍照完畢後按此鈕會回到上頁

❹拍攝後還可進行大小或位置的調整

❺依序點選中間白色圓鈕圖示,可加入多個前景畫面

ChatGPT～IG+Threads 雙效 AI 行銷魔法師

3-4-3　相片中加入可愛元素

　　讓 IG 相片變可愛的方法有很多，尤其突然看到這些可愛的貼圖，直接讓粉絲們表達最真實的心情和感受度，莫名的覺得超療癒，互動率馬上瞬間爆表！例如可以利用「新增」⊕畫面中的「限時動態」，這時可以選擇拍攝眼前的景物或自拍，也可以從圖庫中找到你曾經儲存過的畫面。當進行拍照或選取圖庫相片，各位就會在相片上方螢幕頂端看到如圖的幾個按鈕，這些按鈕的主要功能包括：品牌置入內容、文字、特效、音樂、插圖、繪圖、儲存…等

　　點選「插圖」🙂鈕會在相片上跳出如下的設定窗，各位可以上下滑動瀏覽各式各樣的可愛插圖。

由上往下滑動可以看到更多類別的插圖

點選喜歡的圖案即可加入到相片上，插圖插入後，以大拇指和食指尖往內外滑動，可調動插圖的比例或進行旋轉。如果不滿意所插入的插圖，拖曳圖案時會看到下方有個垃圾桶，直接將圖案拖曳到垃圾桶中即可刪除。利用這些小插圖，就可以輕鬆將同一張相片裝扮出各種造型出來。

同一張相片經過不同的裝飾插圖，也能變化出多種造型

3-4-4　超猛塗鴉文字特效

年輕人就是喜歡潮而新鮮的事物，在相片中加入一些強調性的文字或關鍵字，讓觀看者可以快速抓到貼文者要表達的重點，既符合年輕人的新鮮感，也跟得上時尚潮流。如下所示，使用塗鴉方式或手寫字體來表達商品的特點，是不是覺得更有親切感！多看幾眼就在不知不覺中將商品特色給看完了！

圖片加入塗鴉文字的說明，讓觀看者快速抓住重點

各位也可以在相片上寫字畫圖，把相片中美食的特點淋漓盡致地說出來，以吸引用戶的注意，這種行銷手法各位應該在 Instagram 相片中經常看得到。

當你使用「新增」⊕畫面中的「限時動態」取得相片後，按下「繪圖」🐍鈕即可隨意塗鴉。視窗上方有各種筆觸效果，不管是尖筆、扁平筆、粉筆、暈染筆觸都可以選用，畫錯的地方還有橡皮擦的功能可以擦除。

視窗下方有各種色彩可供挑選，萬一提供的顏色不喜歡，也可以長按於圓形色塊，就會顯示色彩光譜讓各位自行挑選顏色。文字大小或筆畫粗細是在左側做控制，以指尖上下滑動即可調整。

提供的各種筆觸

拖曳左處邊界的圓形滑鈕可控制畫筆粗細

下方色塊選擇可選擇文字或筆畫色彩

另外，按下「文字」 Aa 鈕可以加入電腦輸入的文字，強調你要推銷的重點，這樣一張圖片就可以輕鬆抓住用戶的眼睛。

使用「文字」工具
加入要行銷的文字

3-4-5 立體文字效果

這裡所謂的「立體文字」事實上是仿立體字的效果。各位只要輸入兩組相同的文字，另一組文字（黑色）放在底層，並將兩組字作些許的位移，就可以看起來像立體字一樣。

❶輸入文字後，再複製一組相同的字

❷將兩組字重疊後，再作些許的位移就搞定了

3-4-6　擦出相片中的引爆火花

有時相片中的內容物太多，不容易將想要強調的重點商品表現出來，那麼各位不妨試試下面的擦除技巧。請按下「繪圖」 鈕，接著從下方的色塊中選定要使用的色彩，選定顏色後以手指長按畫面，那麼畫面就會塗上一層你所設定的色彩，如左下圖所示。

❶ 按「繪圖」鈕

❸ 以手指長按螢幕，就會將指定色填滿整個畫面

❷ 選定要使用的色彩

接下來選用「橡皮擦」 工具，調整筆刷大小後，再擦除掉重點商品的位置，最後加入強調的標題文字，就能將主商品清楚表達出來。

❶選用「橡皮擦」工具

❷由此調整筆刷大小

❸擦除重點商品的主要部分

3-5　打造超人氣的圖像包裝藝術

Instagram 讓店家或品牌可以透過圖像向全球用戶傳遞訊息，拍攝出好的圖片更可以為你累積追蹤者及粉絲。吸睛的美照能在視覺上特別容易引起客戶的注意，因為拍攝的相片不夠漂亮，很難吸引用戶們的目光，粉絲對於重複出現的圖片會感到厭倦從而忽視你的貼文。接下來我們提將供與影音／相片有關的進階包裝技巧供各位做參考，希望各位能有效地將商品印象深深烙印在追蹤者或其他用戶的腦海中。

3-5-1　加入 GIF 動畫

GIF 動畫是一種動態圖檔，主要是將數張靜態的影像串接在一起，在快速播放的情況下而產生動態的效果。早期網頁中的許多小插圖大都使用 GIF 動畫格式，後來

因為顏色只有 256 色因而沉寂了好一陣子，最近則因為 Facebook 與 Instagram 的支援而又開始活絡起來。

在插入照片上方的工具列點選「插圖」😊 鈕，第一個頁面就是顯現各位最近使用過的插圖，以及 GIPHY 熱門動態貼圖。GIPHY 是一個在動態 GIF 圖片搜尋的引擎，有 GIF 界的谷歌之稱。它的使用方法和一般搜尋引擎一樣，用戶只要在搜尋列上輸入自己想要搜尋的主題，就能從 GIPHY 提供的成千上百張動圖中挑選貼圖來搭配。

由於 GIF 動態圖檔有清新的、搞笑的、賣萌的…，選擇性相當多。GIPHY 現在也運用到 Facebook、Twitter、Instagram 等社群媒體之中。越來越多人喜歡用 GIF 來表達自己的想法，或是當心情溢於言表時，GIF 動畫是一個很好的選擇。請直接在「搜尋」列上進行搜尋。搜尋列上輸入「蛋糕」的主題，如左下圖所示，下方會顯示各種的蛋糕圖樣，點選喜歡的圖案即可在相片中加入。

❶ 輸入搜尋的主題「蛋糕」

❷ 選取要使用的 GIF 動畫圖示

❸ 加入後可自行縮放或旋轉角度

3-5-2　善用相簿展現商品風貌

　　Instagram 在分享貼文時，允許用戶一次發佈十張相片或十個短片，這麼好的功能店家可千萬別錯過，利用這項功能可以把商品的各種風貌與特點展示出來。如下所示的衣服販售，同一款衣服展示各種不同的色彩，衣服的細節、衣服的質感…等等，以多張相片表達商品比單張相片來得更有説服力。

在影片部分，可以故事情境來做商品介紹，也可以進行教學課程，像是販賣圍巾可以教授圍巾的打法，販賣衣服可介紹穿搭方式，以此吸引更多人來觀看或分享，不但利他也利己，贏得雙贏的局面。

3-5-3　標示時間／地點／主題標籤

各位在新增「限時動態」時，點選圖片上方的「插圖」 🙂 鈕後，會在第二個頁面看到如左下圖的選項，點選「地點」、「＃主題標籤」、和日期三個按鈕，就可以在畫面中標示出時間、地點、與主題標籤。加入後自行調整要放置的位置、比例大小、角度，按點標籤還會自動變更色彩與樣式。

在相片中加入主題標籤和地點是一個不錯的行銷手法，因為當其他用戶們的視覺被精緻美豔的相片吸引後，只要可以知道相片中的地點或主題，就有機會增強他們的印象。社群行銷成功關鍵字不在「社群」而是「連結」，讓相同愛好的人可以快速分享訊息，也增加了產品的曝光機會。

按點標籤可以
變更顯示的色
彩與樣式喔

另外，你也可以在相片中將自己的用戶名稱標註上去，這樣任何瀏覽者只要點選該標籤，就可以隨時連結到你的帳號去查看其他商品。

按點灰色標籤，就可以連結到該用戶

現在也有許多人採用相互標籤的方式來增加被瀏覽的機會，也就是在圖片中加入其他人的標籤，這樣當瀏覽者點閱相片時，就會同時出現如下圖所示的標籤，增加彼此間的被點閱率。

要在新貼文中的相片中加入用戶標籤並不難，點選「新增」⊕頁面進行拍照後，在最後「分享」貼文的畫面中點選「標註人名」，再將自己或他人的用戶名稱輸入進去就搞定了！

3-5-4　創意賣相的亮點行銷

　　進行商品行銷時，要讓客戶的眼睛為之一亮，突出的創意和巧思是很重要的。用點「心機」在相片上，就可以獲得更多人的矚目。如左下圖的泰國奶茶，透過手拿的方式，不但可以看出商品的比例大小和包裝，就連同系列的茶品也能在旁邊的價目表看得一清二楚。介紹鞋款樣式，以誇大的方式讓男模站在鞋子前方，不但鞋子樣式清晰可見，也可以從男模腳上看到穿著該鞋款的帥氣模樣。

以「諧音」方式進行發想也是不錯的創意方式，像是「五鮮級平價鍋物」據說是利用閩南語的「有省錢」的諧音結合精緻的鍋物而成，讓饕客可以用最划算的價格滿足吃貨的味蕾。又如「筆」較厲害，是透過同音不同字的方式來描述商品。像這樣的創意和巧思融入相片或貼文之中，就能增加它的可看性和趣味性。

3-5-5　加入票選活動

　　在相片上你也可以加入投票活動喔！讓你製造問題和兩個選項，再由瀏覽者進行選擇。這樣的投票功能自從推出以後，如果你有選擇的障礙，就可以用此方式來詢問朋友的意見，也增加了彼此之間的互動。而參與投票的用戶可以知道投票所佔的比例，發問者則可以看到哪些人投了哪個選項。透過這樣的方式，商家就能進行簡單的市場調查，以便了解客戶的喜好。如左下圖所示，便是商家在限時動態中所進行的「票選活動」，讓你選擇「青銅」或「銅」的鍋具。

使用此功能即可進行票選的設定

滑桿方式和簡答題的互動方式可也以用喔

除了「票選活動」採用兩個選項來選擇外，還有以滑桿的方式來設定喜好程度，或是直接用簡答的方式來回覆問題，三種的呈現效果如下：

3-5-6　奪人眼球的方格模板

Instagram 是以圖片傳達的有力工具，尤其是個人頁面的方格模板，更是可以用圖片來展現所有作品。當其他用戶在快速捲動方格模板時，若是圖片在視覺上保持一致性，簡約、高雅、又不失變化性，這樣就能夠塑造出個人風格或品牌。如左下圖所示，同一個女模分別顯現在不同的景緻中，但構圖和色彩都很唯美。而右下圖則以美食為主，整個作品呈現一致性。你也都可以透過此方式來進行個人／品牌或商品的行銷，只要專注在單一題材或風格上，並竭盡所能的深入研究，這樣其他用戶就會特別注意到你。

3-5-7 情境渲染的致命吸引力

　　Instagram 是一個能夠盡情宣洩創意的舞台，你可以多用點巧思，讓相片不只是張相片而已，而是可以訴說千言萬語的創意作品。你可以在相片中直接說明你的情緒或感染力，也可以在相片裡將你想要訴求的重點說明出來。例如：拍攝你要行銷的商品時，不妨將品牌或店家名稱也一併入鏡，這樣的一目了然，相信會在眾多的相片中脫穎而出，而且達到大量製造新粉絲的目的。

以相片進行商品宣傳時，除了真實呈現商品的特點外，在拍攝相片時也可以考慮使用情境畫面，也就是把商品使用的情況與現實生活融合在一起，增加用戶對商品的印象。就如同衣服穿在模特兒身上的效果，會比衣服平放或掛在衣架上的效果來得吸引人，手飾實際戴在手上的效果比單拍飾品來得更確切。你也可以像下方的兩個商家一樣，同時顯現兩種效果，讓觀看者一目了然。商品展示越多樣化，細節越清楚，消費者得到的訊息自然越豐富，進行購買的信心度自然大增。

🎧 同時顯現首飾平放和穿戴的效果

又如美食的呈現，只要將大家所熟悉的手或餐具加入至畫面中，也能讓觀看者知道食物的比例大小。

ChatGPT ～ IG+Threads 雙效 AI 行銷魔法師

04

IG 行銷雙劍客
Hashtag+ 限時動態

隨著 Instagram 不斷擴大影響每一個人的社群行為，有經驗的小編都知道要做好 Instagram 行銷，優化標題跟描述內容是絕對不可少，但更重要的是要加入至少一個主題標籤，因為用戶者除了觀看追蹤名人和親朋好友外，他們還會主動去搜尋他們有興趣的 hashtag。標籤（Hashtag）是目前社群網路上相當流行的行銷工具，hashtags 的標籤和臉書相當不一樣，不但已經成為品牌行銷重要一環，可以利用時下熱門的關鍵字，並以 hashtag 方式提高曝光率。透過標籤功能，所有用戶都可以搜尋到你的貼文，也可以透過主題標籤找尋感興趣的內容。目前許多企業也逐漸認知到標籤的重要性，紛紛運用標籤來進行宣傳，使 hashtag 成為社群行銷的新寵兒。

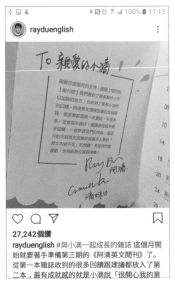

Instagram、Facebook 都有提供 hashtag 功能

4-1 標籤的鑽石行銷熱身課

主題標籤是全世界 Instagram 用戶的共通語言，他們習慣透過 hashtag 標籤尋找想看的內容，一個響亮有趣的 slogan 很適合運用在 IG 的主題標籤上，主題標籤不但可以讓自己的商品做分類，同時又可以滿足用戶的搜尋習慣，只需要勾起消費者

點擊的好奇心，在搜尋時就能看到更多相關圖片，透過貼文搜尋及串連功能，就能迅速與全世界各地網友交流，進而增進對品牌的好感度。

🔊 貼文中加入與商品有關的主題標籤，可增加被搜尋的機會

當我們要開始設定主題標籤時，通常是先輸入「#」號，再加入你要標籤的關鍵字，要注意的是，關鍵字之間不能有空格或是特殊字元，否則會被分隔。如果有兩個以上的標籤，就先空一格後再標記第二個標籤。如下所示：

#油漆式速記法 #單字速記 #學測指考

貼文中所加入的標籤，當然要和行銷的商品或地域有關，除了中文字讓中國人都查看得到，也可以加入英文、日文等翻譯文字，這樣其他國家的用戶也有機會查看得到你的貼文或相片。不過 Instagram 貼文標籤也有數量的限定，超過額度的話將無法發佈貼文喔！

4-1-1　相片／影片加入主題標籤

主題標籤之所以重要，是在於它可以帶來更多陌生的潛在受眾，如果希望店家的 IG 能被更多人看見，善用 hashtags 絕對是頭號課題！很多人知道要在貼文中加入主

題標籤，卻不知道將主題標籤也應用到相片或影片上，不但與內容中的圖片相互呼應，還能鎖定想觸及的產業與目標閱聽眾。當相片／影片上加入主題標籤，觀看者按點該主題標籤時，它會出現如左下圖的「查看主題標籤」，點選之後，IG 就會直接到搜尋頁面，並顯示出相關的貼文。

❷ 按點「查看主題標籤」會顯示如圖的所有相關貼文

❶ 選「#好友分享日」會出現上方的「查看主題標籤」

除了必用的「#主題標籤」外，商家也可以在相片上做地理位置標註、標註自己的用戶名稱，甚至加入同行者的名稱標註，增加更多的曝光的機會讓粉絲變多多。

提及其他用戶名稱

加入地點標註

4-1-2　創造專屬的主題標籤

　　IG 中有無數種標籤可以任你使用；不同屬性的品牌帳號適合的主題標籤也不同，不過最重要的是哪種標籤適合各位的目標受眾，因此最好先行了解當前的流行趨勢。針對行銷的內容，企業也可以創造專屬的主題標籤。例如星巴克在行銷界算是十分出名的，每當星巴克推出季節性的新飲品時，除了試喝活動外，也會推出馬克杯和保溫杯等新商品，所以世界各地都有它的粉絲蒐集星巴克的各款商品。

　　星巴克在 IG 經營和行銷方面算是十分的優越，消費者只要將新飲品上傳到 IG，並在內文中加入指定的主題標籤，就有機會抽禮物卡，所以每次舉辦活動時，IG 上就有上千張的相片是由消費者上傳上去的，這些相片自然而然成為星巴克的最佳廣告，像是「#星巴克買一送一」或「#星巴克櫻花杯」等活動主題標語便是最好的行銷。

🎧 搜尋該主題可以看到數千則的貼文，貼文數量越多表示使用這個字詞的人數越多

　　這樣的行銷手法，粉絲們不但會主動上傳星巴克飲品的相片，粉絲們的追蹤者也會看到星巴克的相關資訊，宣傳效果如樹狀般的擴散，一傳十，十傳百，傳播速度快而顯著，又不需要耗費太多的廣告成本，即可得到消費者的廣大的迴響。而下圖所示則為星巴克推出的「星想餐」，不但在限時動態的圖片中直接加入「星想餐」的主題標籤，也在貼文中加入這個專屬的主題標籤。

限時動態中加入星巴克專屬的主題標籤 - 星想餐

貼文之中也加入星巴克專屬的主題標籤

4-1-3　蹭熱點標籤的妙用

　　IG 的標籤是增加互動率的絕佳工具，在運用主題標籤時，除了要和自家行銷的商品有關外，各位也可以上網查詢一下熱門標籤的排行榜，了解多數粉絲關注的焦點，再依照自家商品特點蹭入適合的標籤或主題關鍵字，這樣就有更多的機會被其他人關注到。千萬不要隨便濫用標籤，例如加入「#吃貨」這個主題標籤的貼文就多達 694K，這麼多的貼文當中，你的貼文要被看到的機會實在不容易；或是放入與你的產品完全不相干的主題標籤，除了在所有貼文中顯得突兀外，也會讓其他用戶產生反感。

　　經營 IG 的一個大重點是你必須讓貼文內容被越多人看到越好，例如貼文有提到其他品牌或是某知名網紅，建議可以在貼文中標籤他們，快速增加店家粉絲量，對大品牌或網紅而言，也喜歡用戶可以標籤他們，能帶來導流的效果。善用標籤幫助「自然觸及」增長，用意不是為了觸及更多的觀眾，而是為了觸及目標觀眾，這種方法不需要廣告費用便有大量可能觸及用戶。基本上，標籤數越多接觸點就會更多。雖然每篇 Instagram 貼文的標籤上限為 30 個，還是要謹慎地使用合適的主題標籤。

剛開始使用 IG 時，如果不太曉得該如何設定自己的主題標籤，那麼先多多研究同類型的對手使用哪些標籤，再慢慢找出屬於自己的主題標籤。

🎧 主題標籤的設定大有學問，多多研究他人 tag 的標籤，可以給你很多的靈感

4-2　IG 玩家 hashtag 的粉絲掏錢祕訣 ⟩

當各位努力設計一個具有品牌特色的標籤，相關程度較高的標籤毫無疑問地能為你的貼文與品牌帶來更多曝光機會，切記不要使用與品牌或產品不相關的標籤，最有效的主題標籤是一到二個，數量過多會降低貼文的吸引力。如果各位能更進一步創造出原創的主題標籤，並持續與粉絲互動，然後長期地強化它的情感連結，邀請消費者貼文標註，不但能增加曝光度，還可以提高品牌忠誠度，進而成功將商品或服務透過網路推播出去。

4-2-1 不可不知的熱門標籤字

在 IG 的貼文中，有些標籤代表著特別的含意，搞懂標籤的含意就可以更深入 Instagram 社群。由於主題標籤的文字之間不能有空格或是特殊字元，否則會被分隔，所以很多與日常生活有關的標籤字，大都是詞句的縮寫。還有用戶之間期望相互支持按讚，增加曝光機會的標籤，各位可以了解一下但不要過度濫用，例如：#followme 的標籤就因為有被檢舉未符合 Instagram 社群守則，所以 #followme 的最新貼文都已被 IG 隱藏。

- #likeforlike 或是 #like4like：表示「幫我按讚，我也會按你讚」，透過相互支持，推高彼此的曝光率。

- #tflers：表示「幫我按讚（Tag For Likers）」。

- #followforfollow 或 f4f：表示「互讚戶粉」。

- #bff：Best Friend Forever，表示「一輩子的好朋友」，上傳好友相片時可以加入此標籤。

- #Photooftheday：表示「分享當日拍攝的照片」或是「用手機記錄生活」。

- #Selfie：Self-Portrait Photograph，表示「自拍」。

- #Shoefie：將 Shoe 和 Selfie 兩個合併成新標籤，表示「將當天所穿著的美美鞋子自拍下來」。

- #OutfitLayout：OutfitLayout 是將整套衣服平放著拍照，而非穿在身上。不喜歡自己真實面貌曝光的用戶多會採用此方式拍照服裝。

- #Twinsie：表示像雙胞胎一樣，同款或同系列的穿搭。

- #ootd：outfit of the Day，表示當天所穿著的記錄，用以分享美美的穿搭。

- #ootn：outfit of the Night，表示當晚外出所穿著的記錄。

- #FromWhereIStand：From Where I Stand，表示從自己所站的位置，然後從上往下拍照。可拍攝當日的衣著服飾，使上身衣服、下身裙／褲、手提包、鞋子等都入鏡。也可以從上往下拍攝手拿飲料、美食的畫面。

- #TBT：Throwback Thursday，表示在星期四放上數十年前或小時候的舊照。

- #WCW：Woman Crush Wednesday，表示「在星期三上傳自己心儀女生或女星的相片欣賞」。

- #yolo：You Only Live Once，表示「人生只有一次」，代表做了瘋狂的事或難忘的事。

各位也可以上網查詢一下熱門標籤的排行榜，了解多數粉絲關注的焦點，再依照自家商品特點加入適合的標籤或主題關鍵字，這樣就有更多的機會被其他人關注到。目前 Android 手機或 iPhone 手機都有類似的 hashtag 管理 App，各位不妨自行搜尋並試用看看，把常用的標籤用語直接複製到自己的貼文中，就不用手動輸入一大串的標籤。

Play 商店中有各種 hashtag 管理的 App 可以試用

4-2-2　運用主題標籤辦活動

時至今日，主題標籤已經成為 Instagram 貼文中理所當然的風景之一，店家想要做好 IG 行銷的話，肯定必須重視主題標籤的重要性。例如當品牌舉辦活動時，商家可以針對特定主題設計一個別出心裁而具特色的標籤，一個響亮有趣的 slogan 就很適合運用在 IG 的標籤行銷！只要消費者標註標籤，就提供折價券或進行抽獎。這對商家來說，成本低而且效果佳，對消費者來說可得到折價券或贈品，這種雙贏的策

略應該多多運用。如下所示是「森林小熊曲奇餅」的抽獎活動與抽獎辦法，參與抽獎活動的就有 1800 多筆。

活動辦法中也要求參加者標註自己的親朋好友，這樣還可將商品延伸到其他的潛在客戶。不過在活動結束後，記得將抽獎結果公布在社群上以昭公信。

另外，企業舉辦行銷活動並制定專屬 hashtag，就要盡量讓 hashtag 和這次活動緊密相關，並且用簡單字詞、片語來描述，透過 hashtag 標記的主題，馬上可以匯聚了大量瀏覽人潮，不過最有效的主題標籤是一到二個，數量過多會降低貼文的吸引力。

4-2-3　主題標籤（#）搜尋

除了使用「關鍵字」進行探索外，也可以使用「主題標籤」來進行探索。只要在字句前加上 #，就會關連公開的內容，我們可以把它視為標記「事件」，透過標籤功能來搜尋主題，所有用戶都可以輕鬆搜尋到你的貼文。例如輸入「#劉德華」，那麼所有貼文中有「劉德華」二字的相片或影片都會被搜尋到：

主題標籤（#）搜尋

　　知己知彼，百戰百勝！研究和剖析相同領域的產品，才能接觸更多潛在的消費群，達到行銷效果。所以經營 Instagram 之前，先對相同領域的主題與標籤進行瀏覽與研究，可以清楚知道對手的行銷手法與表現方式，好的表現方式可以記錄下來，當作自己行銷的參考，不好的行銷方式也可以做為借鏡，讓自己不再犯錯。

　　「主題標籤」的使用並不限定於中文字，加入英文、日文等各國文字可以吸引到外國的觀光客注意。另外，留意目標使用者經常搜索的熱門關鍵字，適時將這些與你商品有關的關鍵字加入至貼文中，像是地域性的關鍵字、與情感有關的關鍵字等加入至貼中，也能增加不少被瀏覽的機會。

　　對品牌行銷而言，如果要吸引主動客群，務必使用限時動態，並且每一天都應該要發布，讓用戶產生黏著度。限時動態不但已經成為品牌溝通的重要管道，正因為限時動態是 24 小時閱後即焚的動態模式，會讓用戶更想常去觀看「當下分享當下生活與品牌花絮片段」與掌握「不趕快看就沒有了」的用戶心理的限時內容，最好的限時動態就是一個「故事」，有開頭、有中間、有結尾，如果配合運用濾鏡的創意傳播更能觸及到陌生的使用者，讓你的粉絲數持續上升。

　　店家別忘了每天製造點小故事或亮點，飢餓行銷（Hunger Marketing）反而會讓用戶更關注限時動態，善用限時動態分享自家商品，並打造出「限時限量」的商品特色，不自覺中在粉絲心中留下深刻的印象！

　　各位想要發佈自己的「限時動態」，請在首頁上方找到個人的圓形大頭貼，按下「你的限時動態」鈕或是按下⊕「新增」鈕就能切換到新增限時動態的頁面，再自行選擇照相或是直接找尋相片來進行分享。

尚未做過限時動態的發表可按此大頭貼，
有發佈過限時動態，則可以按此鈕觀看已
發佈的限時動態

　　進入發佈「限時動態」狀態後，想要有趣又有創意的特效，可以左右滑動挑選自己想要的特效，或是想要自拍，只要將鏡頭進行切換即可，當想要的效果確定後，按下畫面下方的圓形按鈕即可進行拍攝，拍攝完成後，按下「限時動態」就會發布出去，或是按下「摯友」傳送給好朋友分享。

❷按此鈕進行影片拍攝

❶選取要套用的效果

❸選擇分享的方式

限時動態最有趣的地方,是讓你可以在靜態圖片上添加很多創意,當你將限時動態的內容編輯完成後,按下頁面左下角的「限時動態」鈕,就會將畫面顯示在首頁的限時動態欄位。這些限時動態的相片/影片,會在 24 小時後從你的個人檔案中消失,不過你也能在 24 小時內儲存你所上傳的所有限時動態喔!

編輯完成的畫面,按下「限時動態」鈕就可傳送出去

隨時放送的「限時動態」,目的就是讓粉絲看見與自己最相關的內容,店家隨時可以發表貼文、圖片、影片或開啟直播視訊,讓所有的追蹤者得知你的訊息或是想傳達的思想理念。

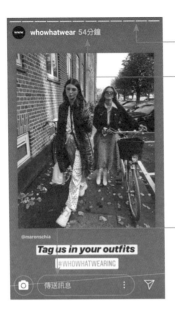

限時動態可以透過一連串的相片／影片串接而成呦

這裡可以看到帳號與倒數的時間

這裡可以直接傳送訊息

　　店家面對 IG 的高曝光機會，更該善用「限時動態」的功能，為品牌或商品增加宣傳的機會，擬定最佳的行銷方式，在短暫幾秒鐘內迅速抓住追蹤者的目光。由於拍攝的相片／影片都是可以運用的素材，加上 IG 允許用戶在限時動態中加入文字或塗鴉線條，也有提供插圖功能，或者可加入主題標籤、提及用戶名稱、地點、票選活動…等各種物件，甚至還提供導購機制，讓使用者「往上滑」來「了解更多」或「去逛逛」品牌官網，讓商家可以運用各種創意手法來進行商品的行銷。整合以上元素，粉絲對於品牌的忠誠度和相關資訊的參與度自然也會有更多認同感。如下所示，便是各位經常在限時動態中常看到的效果，接下來就是要來和各位探討如何運用限時動態來創造商機，讓你掌握行銷先機，搶先跟上時尚潮流。

使用編排的畫面也沒問題

相片加入文字說明與塗鴉線條

影片中提及商家的資訊

企業商家可加入導外機制

至於已傳送出去的「限時動態」，各位可以在「首頁」的個人大頭貼裡進行觀看，當出現限時動態畫面時，按下右下角的「■」鈕將會出現如圖的功能選單，由此就可以針對目前的限時動態進行「儲存」或「刪除」的動作。

4-4　限時動態的拉客必勝錦囊

對品牌行銷而言，「限時動態」不但已經成為品牌溝通重要的管道，正因為限時動態是 24 小時閱後即焚的動態模式，會讓用戶更好奇想常去觀看「即刻分享當下生活與品牌花絮片段」的限時內容，很多品牌都會利用限時動態發布許多趣味且話題性十足的內容來創造話題或新商機。

4-4-1　票選活動或問題搶答

「插圖」😊 功能裡所提供的「票選活動」，商家不妨多多運用在商品的市調上，簡單的提問與兩個選項的答覆，讓商家可以和追蹤者進行互動，同時了解客戶對商品的喜好。當然就如同交朋友一樣，從共同話題開始會是萬無一失的方法，這樣同時可以收集用以規劃未來數位行銷活動的寶貴數據。

「票選活動」可以讓商家進行「提問」與「答案」的設定

限時動態中，「票選活動」的實際應用

另外，「問題」功能也是與粉絲互動的管道之一，只要輸入疑問句，下方就可以讓瀏覽者自行回覆內容，設定問題時還可以自訂色彩，以配合整體畫面的效果。

限時動態中，「問題」的實際應用

4-4-2　商家資訊或外部購物商城

在限時動態中，店家可以輕鬆將相關資訊加入，運用「@ 提及」讓瀏覽者可以輕鬆連結至該用戶。加入主題標籤可進行行銷推廣，另外 IG 也開放廣告用戶在限時動態中嵌入網站連結的功能，讓追蹤者在查看你的限時動態的同時，可以輕按頁面下方的「查看更多」鈕，就能進入自訂的網站當中，自然在潛移默化中引導用戶滑入連結，而導入的連結網站可以是購物網站或產品購買連結，以提升該網站的流量，增加商品被購買的機會。不過這種功能只開放給企業帳號，並且需要擁有 10000 名以上的粉絲人數，個人帳號目前還不能使用喔！

加入主題標籤

提及用戶

導入外部連結，
讓用戶直接前往
購物商城消費

創意就是要打破已建立的框架，並用一個全新的角度去看產品，接著運用創意並適時的導入行銷資訊，讓店家品牌或活動主題增加曝光機會，以限時動態來推廣限時促銷的活動，除了帶動買氣外，「好康」機會不常有，反而會讓追蹤者更不會放過每次商家所推出的限時動態。

4-4-3　IG 網紅直播

直播功能自從推出之後，讓用戶在任何時刻都能以輕鬆有趣的方式分享現場實況。很多企業網紅也都開始藉由直播方式來即時分享品牌，讓潛在的客戶能夠更深入了解，進而支持並提升客戶的滿意度。由於社群平台在現代消費過程中已扮演一個不可或缺的角色。

隨著網紅行銷（Influencer Marketing）的快速風行，許多品牌選擇借助網紅來達到口碑行銷的效果，網紅通常在網路上擁有大量粉絲群，就像平常生活中的你我一樣，加上了與眾不同的獨特風格，很容易讓粉絲就產生共鳴，使得網紅成為人們生活中的流行指標，平日是粉絲的朋友，做生意時他們搖身一變成為網路商品的代言人，而且可以向消費者傳達更多關於商品的評價和使用成效。

↑ 阿滴是台灣網路英語教學最知名的網紅

當你的追蹤對象分享直播時，可以從他們的大頭貼照看到彩色的圓框以及 Live 或開播的字眼，按點大頭貼照就可以看到直播視訊。

很多廠商經常將舉辦的商品活動和商品使用技巧等，用直播的方式來活絡商品與粉絲的關係。粉絲觀看直播視訊時，可在下方的「傳送訊息」欄中輸入訊息，也可以按下愛心鈕對影片說讚。

觀賞者可在「傳送訊息」欄上輸入訊息或加入表情符號

直播影片時，用戶留言都會在此顯現

顯示按讚的情況

如果各位自己來玩直播，按下首頁下方的⊕鈕，接著由下方切換到「直播」模式，直播過程中，IG 就會自動通知你的粉絲，畫面頂部也會顯示觀眾人數。

4-4-4　抓住 3 秒打動全世界

　　現代人都喜歡看有趣的影片，影音視覺呈現有效吸引大眾的眼球，比起文字與圖片，影片的傳播更能完整傳遞商品資訊，而好的影片更是經常被網友分享到其他的社群網站，增加品牌或商品的可見度。由於現在是一個講求效率的時代，很有人沒有耐性去看數十分鐘甚至一小時以上的宣傳影片，所以 30-60 秒的影片長度最為合適，不但可以讓他人更快速了解影片所要傳遞的訊息，也能方便網友「轉寄」或「分享」給其他朋友。

　　各位想要在影音短片中快速且輕鬆抓住觀眾的心，影片開頭或預設畫面就要具有吸引力且主題明確。在這「有圖有真相」的世代，影片畫面須在幾秒內就要吸睛，特別是影片的前三秒，只要標題或影片夠吸引人，就可能讓觀賞者繼續觀賞下去。當然，影片的品質不可太差，同時要能在影片中營造出臨場感與真實性，能夠從觀眾的角度來感同身受，這樣才能吸引觀眾的目光，甚至在短時間裡衝出高點閱率，進而創造新聞話題或造成轟動。如下方左圖的限時動態，U 周刊只強調標題──名人的訪問，以刺激粉絲購買的欲望。而下方右圖中，對許多人都習慣用 IG 限時動態分享生活，經常玩 IG 的人可能看過如下的限時動態畫面，只要點選畫面，就會自動出現「查看貼文」的標籤，觀賞者按下「查看貼文」鈕就可前往該貼文處進行瀏覽。透過這樣的表現方式，就可以讓用戶將受到大眾喜歡的貼文再度曝光一次。

斗大的標題不動，只有手持的周刊上下移入移出

只要點選畫面，就會自動出現「查看貼文」的標籤

4-4-5 相片／影片的吸睛巧思

使用「限時動態」的功能進行宣傳時，除了透過 IG 相機裡所提供的各項功能可進行多層次的畫面編排外，你也可以將拍攝好的相片／影片先利用「儲存在圖庫」⬇鈕儲存在圖庫中，以方便後製的處理編排，也可以透過其他軟體編排組合後再上傳到 IG 上來發佈，雖然步驟比較繁複，但是畫面可以更隨心所欲的安排，透過無限的創意發想，把想要傳達訊息淋漓盡致地呈現出來。

4-4-6 典藏限時動態

Instagram 的「限時動態」功能，因為可以在發文的同時，直接在相片上做塗鴉或輸入文字，但是貼文卻是在限定的 24 小時內就會自動刪除。因此 Instagram 又推出了「限時動態典藏」的功能，讓用戶可以從典藏中查看「限時動態」消失的內容。各位要將「限時動態」典藏起來，請在「個人」頁面右上角按下「選項」鈕三鈕，點選「設定和隱私」後，在「設定和隱私」畫面中選擇「典藏和下載」，接著在畫面中確認「將限時動態儲存到典藏」的功能有被開啟，這樣就可以搞定。

此外，在「限時動態」的頁面中，如果有開啟「允許分享到訊息」的功能，可以讓其他用戶以訊息方式分享你限時動態中的相片或影片。請參考底下的作法：

上圖中若有開啟「將限時動態分享到 Facebook」的選項，那麼會自動將限時動態中的相片和影片發佈到臉書的限時動態中。要注意的是，連結到臉書後，你按別人相片的愛心也會被臉書上的朋友看到，如果不是以商品行銷為目的，那麼建議「將限時動態分享到 Facebook」的選項關掉。

4-4-7　典藏貼文

Instagram 的「典藏」功能除了「典藏限時動態」外，也可以「典藏貼文」。此功能也能夠將一些不想顯示在個人檔案上的貼文保存下來不讓他人看到。典藏貼文是指在 Instagram 上將已分享的貼文隱藏起來，並從個人檔案中移除。這樣，你就可以將某些貼文隱藏起來，而不必刪除它們。你可以隨時進入典藏頁面查看被隱藏的貼文，並決定是否要恢復它們。

要典藏一篇貼文，只需點選該貼文右上角的「…」按鈕，然後選擇「典藏」。這樣，該貼文就會被移動到典藏頁面中，並從個人檔案中消失。接著我們要來示範如何典藏貼文：

選擇「典藏」後，該貼文就會被移動到典藏頁面中

當你將貼文典藏之後，若要查看典藏的貼文，一樣是在個人頁面按下 ☰ 鈕進入「典藏」頁面，下拉就可以進行「限時動態典藏」、「貼文典藏」或「典藏的直播」的切換，請參考底下的操作步驟：

4-4-8　新增精選動態

　　長期經營限動的品牌，每日更新的限時動態眾多，如果不想失去這些瞬間畫面，店家可以將先前分享的限時動態整理為精選動態，而這些精選回顧還能依照主題分門別類，並放在個人檔案上。小編們想要精選限時動態的方式有兩種，一個是當你發佈限時動態後，從瀏覽畫面的右下角按下「精選」鈕，接著會出現「新的精選動態」，請輸入標題文字後按下「新增」鈕，就會將它保留在你「個人檔案」上，除非你進行刪除的動作。

新增的精選動態

精選動態會在個人檔案上以圓圈顯示，用戶點按後便會以獨立的限時動態形式播放。另外，你也可以在「個人」頁面按下「新增」鈕來新增精選動態：

❶ 瀏覽限時動態時按下「精選」鈕

❷ 按下「新增」鈕，接著就可以輸入名稱，確認無誤後再按下「新增」鈕

接著點選你要的「限時動態」畫面，按「下一步」鈕，再輸入限時動態的標題，按下「完成」鈕就可以完成精選的動作，而所有精選的限時動態就會列於你個人資料的下方。

4-4-9　製作精選動態封面

　　精選的限時動態顯示在個人資訊下方，當其他用戶透過搜尋或連結方式來到你的頁面時，訪客可以透過這些精選的內容來快速了解你，許多店家或網紅喜歡在「精選動態」上有點小巧思，就會特別設計封面。各位不妨做出獨一無二的精選動態的封面圖示，讓封面圖示呈現統一而專業的風格。如下二圖所示，左側以漸層底搭配白色文字呈現，而右側以白色底搭配簡單圖示呈現，看起來簡潔而清爽，你也可以特別設計不同的效果來展現你的精選動態。

🎧 精選動態的封面圖示，顯示統一的風格

　　想要變更你的精選動態封面並不困難，但必須預先設計好圖案，然後將圖片上傳到手機存放相片的地方備用。如果你習慣使用手機，也可以直接從手機搜尋喜歡的背景材質，利用您的手機所支援的螢幕擷取指令（每一款手機的螢幕擷取指令都會有所不同），再從 IG 圖庫中叫出來加入文字和圖案，最後儲存在圖庫中就搞定了。

　　當各位備妥圖案後，接下來你可以從 IG 的個人頁面上長按要更換的精選動態封面上，或是在觀看精選動態時按點右下角的「更多」　鈕，就可以在顯示的視窗中點選「編輯精選」指令。

當各位點選「編輯精選」指令後，接著按下圓形圖示「編輯封面」，之後再按下圖中的圖片🖼鈕，從圖庫中找到要替換的相片，調整好位置最後按下「完成」鈕即可完成變更動作。

4-4-10　精選限時動態的新瓶裝舊酒

「限時動態精選」可以將你最愛的限時動態保留在個人檔案上，把好的動態作品保留下來，這樣在進行行銷時就可以輕鬆派上用場。對於社群行銷來說，「限時動態」是重要的曝光管道，店家可以將貼文、圖片、視訊…等，與店家相關的促銷活動或資訊快速傳播出去，每次準備在限時動態上分享產品或要行銷的訊息時，必須認真思考粉絲「當下使用手機時會想看到什麼內容？」，建議行銷人員可以從追蹤者的角度出發來挑選每次的題材，並且善用「限時動態」功能，不但可以快速提高商家的知名度和曝光率，還可以增加實體店面的業績。

相信精選限時動態一定還有許多漏網之魚的粉絲錯過，各位一定想知道精選限時動態是否可以利用新瓶裝舊酒模式來使用嗎？請在「個人」頁面上長按精選動態的圓形圖示，就會出現如左下圖的功能選單。選擇「傳送給…」的選項即可撰寫訊息，將精選動態傳送給指定的人。

①選擇「傳送給…」的選項

②輸入要傳送的內容

③勾選要傳送的對象

也可以搜尋方式搜尋聯絡人

④點選「傳送」鈕即可傳送出去

　　另外，選擇「複製精選連結」的選項會將連結拷貝到剪貼簿中，再到你要貼入社群軟體中進行「貼上」即可，如下所示是貼入 LINE 軟體所呈現的效果。

4-4-11　IG 限時動態／貼文分享至 Facebook

行銷的本質是「連結」，對於不同受眾需要以不同平台進行推廣，因此社群平台的互相結合，能讓消費者討論熱度延續更長的時間，理所當然成為推廣品牌最具影響力的管道之一。建議各位將 Facebook 社群網站都加入成為會員，了解顧客需求並實踐顧客至上的服務，只要有行銷活動就將訊息張貼到各社群網站，或是讓這些社群相互連結，一旦連結的很成功，「轉換」就變成自然而然，如此一來就能增加網站或產品的知名度，大量增加商品的曝光機會。

在 Instagram 發佈的貼文也能同步發佈到 Facebook 社群網站，手機上只要在「設定和隱私」頁面中點選「推薦和分享」，就會看到左下圖的頁面，接著點選「分享限時動態到 Facebook」，這樣在做行銷推廣時，不但省時省力，也能讓更多人看到你的貼文內容。

ChatGPT ～ IG+Threads 雙效 AI 行銷魔法師

05

認識 Meta 新平台「文字版 Instagram」—Threads

在這一章，我們將深入了解 Meta 全新推出的社群平台──Threads。從它的起源、特色、如何與其他社群平台區隔，到完整註冊教學以及介面操作功能，我們會全方位探索這個「文字版 Instagram」。最後，我們還會討論到如何刪除或暫停使用你的 Threads 帳號。

5-1　認識 Threads 的由來和特性　＞

　　驅動社群網路新風潮名為「Threads App」的全新應用程式已經嶄露頭角，此應用不僅只是另一個 FB、IG、推特、微博、抖音等等的替代品。Threads 是社群科技巨擘 Meta 集團旗下的 Instagram 的一部份，Threads 已經向超過 100 多國的使用者揭開了面紗，並迅速激發了全球性的興趣。該應用上線的前 5 天就突破了 1 億使用者註冊量，證明了其無比的吸引力。

　　Threads 的成功並非僅僅源於其 Meta 集團的背景，而是因為它能夠利用使用者在 Instagram 和 Threads 的活動資料來提供個人化的廣告和使用者體驗。而且，由於能直接通過擁有 10 億使用者的 Instagram 一鍵登入 Threads，使得它在台灣等地的免費 App 排行榜上名列前茅。

　　這個新社群平台 Threads App，被喻為「文字版 IG」或「Instagram 推特」，它擁有類似 Twitter 的文字主導性格，並配備了讚、評論和分享等社群功能，現已在 App Store 和 Google Play 上架供人下載使用！

⋒ App Store 下載頁面　　　　⋒ Google Play 下載頁面

　　本章我們將深入探討 Threads 這個 App 和特性。我們將會深入分析這款應用程式的各種功能，包括貼文字數限制、上傳圖片和影片的限制等等。透過本章節的介紹，你將能了解 Threads 與 Instagram 的主要區別，並進一步掌握如何在這兩個平台之間進行適切的操作。

5-1-1 「Threads App」功能簡介

　　在這一小節中，我們將首先介紹 Threads App 的基本功能，以幫助各位對這款 App 有初步的認識。

　　「Threads App」是 Instagram 平台的一部份，你可以用 Instagam 帳號登入，並以文字分享為主的方式與其他人互動。這個應用並不僅僅是文字交流，使用者也能上傳圖片和影片，但影片的長度不可超過 5 分鐘。然而，目前這個應用程式尚未支持與 Instagram 的貼文同步，使用者必須手動進行內容轉貼。

作為一個社群聚集地，Threads 讓人們有機會就各種話題進行討論，從當前熱門的議題到未來的流行趨勢。無論你的興趣是什麼，你都可以透過這個平台關注和直接與你喜歡的創作者以及興趣相投的人進行互動，或者建立自己的粉絲群，並將自己的想法和觀點分享給全世界。

🎧 Threads 讓人們有機會分享各種話題的觀點

Threads 的特性有其獨特之處。首先，其應用介面以文字為主，因此被認為與 Twitter 有所類似。每一個貼文的字數上限為 500 字，讓你可以清楚簡短地表達自己的觀點。

🎧 Threads 應用介面以文字為主

其次，Threads 的頁面設計簡潔，目前尚無過多的廣告干擾。雖然現在的 Threads 尚無置入廣告，但根據官方的說法，一旦使用者數量達到一定規模，廣告的出現將是必然的。

🎧 Threads 的頁面設計簡潔

最後，Threads 還提供了按讚、回覆留言以及轉發串文和分享等功能，讓你更好地與他人互動。

🎧 回覆留言以及轉發串文和分享等功能

認識 Meta 新平台「文字版 Instagram」—Threads

5-1-2 Threads 帳號與 Instagram 完美連動

Threads 是 IG 大家族的成員，使用起來就像是進入了 Instagram 的另一個世界。Threads 的獨特之處在於，它與你的 Instagram 緊密相連。只要一鍵，你就能把 Threads 上的貼文分享到 Instagram 上去。

更方便的是，你的 Instagram 個人資訊、大頭貼、追蹤名單都可以一股腦兒地匯入 Threads，甚至連你在 Instagram 設定的封鎖名單，Threads 也會一視同仁，一起幫你封鎖。

下載了 Threads 以後，你會發現你的 Instagram 帳號、密碼、個人資料一樣可以在 Threads 上使用，還能繼續追蹤你在 Instagram 上的好友。每個 Threads 的個人檔案頁右上角，你都能看到連結至 Instagram 的帳號。

5-2 「Threads App」完整註冊教學介紹 ＞

本單元我們將為你提供一個全面的「Threads App」註冊教學。從安裝應用程式，連動 Instagram 基本資料，到登入帳號，我們將一步一步引導你完成整個註冊過程。

要使用 Threads 這款應用程式，需要以現有的 Instagram 帳號登錄。若你尚未擁有 IG 帳號，那就得先行申請一個，然後才能順利進入 Threads 平台使用。

使用 Threads 這款應
用程式，需要先申請
一個 IG 帳號

∩ 要使用 Threads App 必須擁有 IG 帳號

5-2-1　下載及安裝 Threads App

　　如果想開始使用 Threads，首先你得擁有一個 IG 帳
號，接著可以在 App Store 或 Google Play 尋找並下載
Threads 這款應用程式。其實 Instagram 中就有一份小
驚喜在等著你。只要你在 Instagram 的搜尋框裡輸入
「Threads」，神祕的邀請函彩蛋將會即刻呈現在你眼
前，只需一鍵點擊，就可以馬上加入 Threads 的世界
囉！

∩ 在 Instagram 的搜尋框裡輸入
　「Threads」，在輸入框右側
　會看到一個邀請函

只需一鍵點擊，就可以馬上加入 Threads 的世界囉！

∩ Threads 的邀請函畫面

下載好 Threads 後，開啟應用程式，系統將會自動找出你已經註冊的 Instagram 帳戶。這樣你就可以立刻以該帳號來建立新的 Threads 帳號了。但請記得，目前 Threads 並未提供以電子郵件或其他方式註冊的選項，使用 Threads 必須透過 Instagram 帳號登入。

按此可以直接使用 Instagram 帳號登入

當你安裝並開啟 Threads 應用程式後，你有兩種選擇：第一種是可以直接連動你的 IG 帳號，Threads 會把你的 IG 使用者資訊一次全部匯入，包括你的姓名、個人簡介、追蹤的帳號等。另一種選擇則是手動選擇照片並撰寫個人簡介。

5-2-2　Threads 隱私設定

無論是選擇將 Threads 與 IG 連結，或者是手動註冊，你在 Threads 上的隱私設定可以跟你在 Instagram 上的設定不一樣。換言之，就算你選擇與 Instagram 連動，你在 Threads 的隱私設定仍可以自行決定。

在 Threads 設定隱私選項時，你有兩個選擇：「公開」或「不公開」。如果你選擇「公開」，那麼所有的 Threads 使用者都可以追蹤你，並查看或分享你的貼文。如果你選擇「不公開」，則只有得到你同意的人才能追蹤你的帳號，並查看或分享你的貼文。

在隱私設定頁面可以選擇「公開個人檔案」或「不公開個人檔案」

確定後再按「下一步」

⋒ Threads 設定隱私選項

5-2-3　追蹤 IG 追蹤相同帳號的使用者

在你用 Instagram 帳號登入 Threads 之後，不必擔心得重新找尋所有的 IG 朋友。Threads 已經做好了這個功課，會直接將你的 IG 好友名單搬過來。當然，你也可以自主搜尋並追蹤新的朋友。不過你也可以選擇取消追蹤，這樣你的 Threads 帳號就可以從零開始。

接著會詢問是否要追蹤你在 Instagram 追蹤的相同帳號嗎？如果是，請按「全部追蹤」鈕。

TIPS 若你的 Instagram 帳號是獲得驗證的帳號（有藍勾勾的那種），在 Threads 上也會顯示這個驗證標誌。Instagram 的藍色小鈎子在眾多帳號中就像一盞指路明燈，讓用戶在尋找特定人物時，能確認眼前這個帳號就是由那個人自己經營的。比如說，明星們時常會遭到一些不肖騙子利用他們的形象建立假帳號，對粉絲進行欺騙；或者有些粉絲為了支持心愛的明星，會建立各種後援會帳號，這些情況都很容易造成混亂。這時候，IG 的藍色小鈎子就是最佳的真實性保證。無論你是個人還是企業，都有機會獲得這個標誌，證明你在 IG 的身份是真實的。

之後會出現如圖的「Threads 的運作方式」的說明畫面，看過後若沒有問題，就請按下「加入 Threads」鈕

接著會出現「Threads 想要傳送通知」，這些通知可包含提示、聲音和圖像標記，如果同意，就請按下「允許」；如果不同意，就請按下「不允許」。

註冊過程完成後，你就可以馬上開始發佈貼文了。

5-2-4 查看 Threads 個人檔案

完成 Threads 註冊後，在你的 Instagram 個人簡介會多出「@」符號，這個暫時的徽章可以讓粉絲知道你在使用 Threads 這個應用程式，如下圖所示：

如果你的 Instagram 粉絲也下載應用程式，點按該徽章可將他們帶往你的個人檔案，如下圖所示：

5-3　一看就懂的 Threads 介面操作功能 >

Threads 是一款由 Instagram 推出的應用程式，它提供了許多獨特的功能，讓您能夠更快速、更便捷地與您的好友保持聯繫。在本小節中，我們將詳細介紹 Threads 的介面操作功能，讓您能夠快速掌握如何使用這款應用程式。

5-3-1　主頁介面簡介

在本小節中，我們將介紹 Threads 的主頁介面。您將了解主頁上各個元素的功能，以及如何使用它們。

Threads 的操作介面與 IG 相似，主選單中有五個標籤，分別代表不同的功能。從左至右，這五個標籤分別是：

🧵 Threads 的主頁介面

- 主頁：顯示用戶的時間軸，包括用戶追蹤的帳號和系統推薦的貼文。

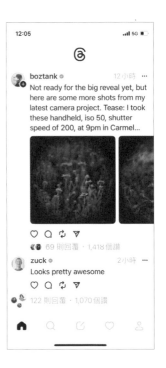

- 搜尋：如果是想要在 Threads 搜尋其他用戶或內容，只要點擊下方「放大鏡」
  圖示，輸入對方名字，基本上都能夠找到對方帳號，還可以按下「追蹤」對方。

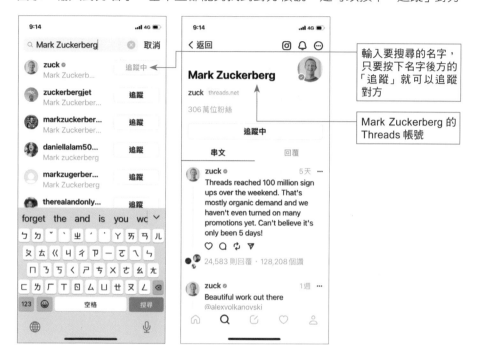

輸入要搜尋的名字，只要按下名字後方的「追蹤」就可以追蹤對方

Mark Zuckerberg 的 Threads 帳號

- 撰寫貼文：用戶可以撰寫新的貼文，包括文字、圖片和影片。

- **個人動態**：要是有任何朋友或其他人追蹤你，也會直接顯示在底部「愛心」圖示的動態頁面中，只要是有人的回覆、提及、已驗證都會統一顯示在 Threads 動態消息頁面中。

- **個人帳號**：在 Threads 底部選單的最右邊，有一個代表「個人」的圖示。當您點擊這個圖示時，會彈出一個頁面，顯示您的個人檔案資料、追蹤者人數，以及您對其他人的串文和回覆的記錄。透過這個標籤，您可以輕鬆管理您的個人帳戶，包括編輯個人資料、查看貼文和追蹤者等等。如果您想修改帳號的隱私設定，只需要進入個人帳號頁面，然後點擊右上角的「☰」按鈕。在這裡，您可以自訂個人檔案的公開權限和提及權限，還可以設定隱藏字詞、禁止發言以及隱藏按讚數等其他功能。

5-3-2　Threads 貼文介面簡介

　　在 Threads 的貼文介面中，您可以進行許多操作，包括發布貼文、管理您的貼文等。如右圖是 Threads 貼文介面：

∩ Threads 的主頁介面

在貼文下方，您會看到四個按鈕，分別代表不同的功能：

● 愛心「like」：您可以點擊此按鈕為貼文點讚，表示您喜歡這則貼文。

●「留言」：您可以點擊此按鈕為貼文留言，與其他使用者進行互動。

●「轉發」：您可以點擊此按鈕將貼文轉發或引用在「Threads」平台上的好友或粉絲，如果你發現了一則超有意思的串文，你當然想分享給大家看看，對吧？別擔心，「Threads」提供了「引用（Quote）」和「轉貼（Repost）」兩種方式讓你輕鬆分享。這兩者的主要差異就在於，如果你選擇「引用」一則串文，那麼你可以在該串文上加上自己的評論或看法，然後再貼到你自己的主頁上；而如果你選擇「轉貼」，那麼該串文就會直接被貼到你的主頁上，但你就沒有辦法再加上自己的話語了喔！

TIPS Threads 串文和回覆內容各自獨立存在

在「Threads」這個平台上，有一項特色功能值得大家注意。那就是，當有人回覆你的串文之後，即使你稍後決定刪除了那篇串文，那些回覆的內容並不會跟著消失喔！換句話說，這些回覆都是獨立存在的，就算原串文不在，它們依然保存在那裡。

你可以在「引用」串文上加上自己的評論或看法

- 「新增到限時動態、發佈到動態消息、⋯」：您可以點擊此按鈕將貼文以各種不同方式分享到其他社群媒體平台，如下圖所示：

5-3-3 IG 與 Threads 自由切換

在本小節中，您將了解如何在兩款應用程式之間快速切換，以便更好地管理您的社群媒體帳戶。在 Threads App 裡，只要點擊「個人帳號」右上角的 IG 圖標，馬上就可以跳轉到 IG 介面。

同時，在 IG 個人資料頁中，只要點擊 @ 符號，立刻就能跳轉回 Threads App 介面，完全不需要返回手機主畫面去尋找 App，實在太方便了！

5-4 認識 Threads 跟 Twitter 的差別 ＞

科技進步的浪潮席捲全球，而社群平台的競爭更是如火如荼。在此，我們會將焦點鎖定在兩個關鍵的社群媒體──Twitter 與 Threads──做一番深度解析。這兩大平台擁有廣大的使用者群，並且各自擁有獨特的風格。

Threads 與 Twitter 雖同屬社群媒體的一員，但兩者間存在明顯的差異。Threads 和 Twitter 都是社交媒體平台，它們都以文字為主要的互動方式，用戶可以發佈短文訊息，進行回覆、轉發和點讚等操作。兩者都是以公開對話為基礎的社交平台，用戶可以在公共頻道上互相交流和討論。但是 Threads 是 Meta（前稱 Facebook）推出的社群平台，與 Instagram 緊密連動，著重於與 Instagram 的整合和基於文字的對話。

在台灣，Twitter 是一個獨立的社交媒體平台，主要著重於即時新聞、訊息傳遞以及公眾話題的討論。與此相對的是，Twitter 與其他平台不同的地方在於，它允許使用者查看每個帳號「喜歡的內容」，而這在 Threads 中是無法看到的。除了發文和回覆功能之外，Twitter 還提供了以下功能，讓用戶能夠更深入地了解其他帳號的興趣和偏好。

例如你在 Twitter 上追蹤了一位名為「A」的用戶。當你查看「A」的個人資料頁面時，你不僅可以看到他發布的推文和回覆，還可以了解他喜歡的內容。這些「喜歡的內容」可以是其他用戶的推文、圖片、影片，甚至是連結到外部網站的文章。透過查看「A」喜歡的內容，你可以更深入地了解他的興趣、喜好和關注的議題。這也為用戶提供了一個便捷的方式來探索其他用戶可能有興趣的內容，進一步擴大了交流和互動的可能性。

總結來說，Twitter 作為一個獨立的社交媒體平台，強調即時性的新聞、訊息傳遞和公眾話題討論。與其他平台相比，Twitter 的特點之一就是提供了「喜歡的內容」功能，讓使用者能夠更深入地了解其他帳號的興趣和喜好。這項功能不僅豐富了用戶的交流體驗，也為他們帶來了更多的探索和互動機會。

5-4-1　Threads 貼文字數限制

Threads 的確像 Twitter 一樣，強調文字互動，不過它的字數限制更寬鬆，Threads 允許較長的文字貼文，最長可達 500 字，而 Twitter 則以短文本為主，單篇貼文限制在 280 個字，Threads 讓你有更多的空間去表達自己。

Threads 這款平台，讓文字成為主角。就像在 Twitter 上一樣，使用者可以互動回應，包括按讚、回覆、轉發，甚至引用別人的貼文。所以，不論你是想要說點什麼、表達一些想法，還是想要和大家討論什麼，Threads 都讓你有足夠的字數來完成。

Threads 允許較長
的文字貼文,最長
可達 500 字

5-4-2 Threads 目前未提供私訊功能

Threads 目前尚未提供私訊(Direct Message)功能,與 IG 推特的私訊功能相比,用戶可以在平台上進行一對一的私密對話。Threads 目前尚未提供此一服務。另外 Threads 平台也不支援 IG 的限時動態功能。

IG 的私訊功能,但是 Threads 不支援私訊功能

5-4-3 Threads 可直接切換至 IG

接著我們要來談談 Threads 如何能夠輕易地切換至 Instagram。這個獨特又便利的設計，讓使用者可以在 Threads 與 IG 間隨意轉換，甚至還能一鍵將 Threads 的貼文分享到 IG 的限時動態或是貼文。

5-4-4 Threads 能隱藏貼文點讚數

這個小節中，我們將要深度剖析 Threads 的一個特殊功能：能夠隱藏貼文點讚數。一個值得注意的特點是，Threads 提供了隱藏「貼文點讚數」的選項，這是 Twitter 所欠缺的。

Threads 提供了一個選項，讓使用者可以自由選擇是否要隱藏「貼文點讚數」。這樣做的好處是可以減少社交媒體上的壓力，讓使用者更專注於內容本身，而不是被點讚數量所左右。不過，值得注意的是，在 Threads 上隱藏點讚數也會隱藏使用者 Instagram 個人資料上的點讚數。

∩ 在「隱私設定」可以幫助用戶隱藏按讚數

5-4-5　Threads 無法顯示使用者的喜好

最後，我們來看看 Threads 在展現使用者喜好方面的一個限制。與 Twitter 能看到每個帳號「喜歡的內容」不同，Threads 目前還沒有提供這項服務。這個顯著的特色就是其他使用者無法看見個別使用者的「喜歡的內容」，這與 Twitter 的功能存在明顯的區別，也讓使用者的喜好偏向保持隱私。

5-5　Threads 帳號刪除與停用 〉

在此篇章節中，我們將談論關於如何管理你的 Threads 帳號，包括刪除以及停用等問題。無論你是想要暫時停用帳號，或是決定要完全移除，我們都將提供完整的解答，並詳細說明這兩者對你的 Instagram 帳號可能產生的影響。

5-5-1　刪除帳號 IG 也會不見

在這個小節裡，我們將會講解一個非常重要的事實：刪除 Threads 帳號會同時導致你的 Instagram 帳號被移除。因此在考慮是否要刪除 Threads 帳號前，一定要三思，因為 Threads 帳號與 Instagram 是相互連結的，Meta 公司已表示現階段無法只單獨刪除 Threads 帳號，一旦要刪除，恐怕連 IG 帳號也得一併刪除！

雖然官方正在研究如何讓使用者能夠只刪除 Threads 帳號，而不影響到 IG 帳號的方式，不過這項功能的實現時間尚未確定，只能等待官方進一步的消息公告了。

5-5-2　Threads 帳號的停用

因為 Threads 的登入方式是使用 Instagram 帳號，所以它們其實是同一個帳號在不同平台上運作，目前並不能單獨移除 Threads 帳號。如果你暫時不打算使用 Threads，我們建議你可以直接在帳號設定中停用帳號，這樣就能將個人檔案和貼文隱藏起來。若將來你想要再次使用 Threads，只需要重新登入，帳號就能恢復了。

以下是如何停用 Threads 帳號的步驟：

STEP **01** 首先請打開 Threads App，進入個人資料頁面，點選右上角「=」圖示。

STEP **02** 從 Threads 設定內選擇「帳號」。

STEP 03 按下「停用個人檔案」。

STEP 04 點擊「停用 Threads 的個人檔案」按鈕後，按下「停用」就能關閉 Threads 帳號。隨後也會立即登出 Threads 帳號，回到最初登入頁面。

06

使用「Threads App」
PO 串文

這一章節我們將帶領大家深入了解如何在「Threads App」中 PO 文，包括撰寫貼文的注意事項、串文的限制，還有幾個使用的小祕訣。此外，我們也會探討如何處理串文，並如何在 Threads 平台上上傳圖片或影片。最後，我們會教大家如何將貼文轉傳到 Instagram 的限時動態或貼文中，或者將 IG 的貼文分享到 Threads。

6-1 Threads 貼文撰寫的小心思 〉

Threads App 是由 Meta 最新推出的社群平台 App，主要是能讓大家能更自由地在公開的社群平台上交流。實際上 Threads 平台功能與 Twitter（推特）雷同，可以透過純文字、照片或影片格式發文，甚至其他人還可以針對貼文點讚、愛心、留言、轉發貼文、互相追蹤等。想要在 Threads 發表新串文，只需點擊頁面底部中央的 符號，就可以動手創作你的「話題串」啦！Threads 的話題串不僅可以打上文字，還可以放上照片或是影片，豐富你的內容。

點擊頁面底部中央的符號可以建立串文

在這一小節，我們將會探討在 Threads 撰寫貼文時的一些小技巧，包括如何吸引更多的使用者點擊和互動，以及提升貼文的吸引力。

6-1-1　Threads 串文限制

在 Threads 上發表話題串有一些限制和規範要注意喔！首先文字部分限制在 500 個字元以內。如果你的文字超過了 500 個字元，系統會自動將其分成第二篇話題串。另外，一篇話題串最多只能包含 10 張圖片，並且支援 GIF 動態圖片格式。影片的長度也限制在最長 5 分鐘，而且你可以在話題串中放置連結網址。這些限制不僅適用於你自己發表的話題串，對於回覆別人的話題串也同樣適用。

此外，還有一些其他的限制和規定需要注意。例如，你無法使用 #hashtag 功能，也無法標記地點。而且，你不能使用「翻譯年糕」服務來翻譯內容。另外，貼文無法進行編輯，只能刪除後重新發布。請注意，禁止在 Threads 上發布任何色情或暴力內容，這與 Facebook 和 Instagram 的規定相同。

總之，在 Threads 發文有一些限制要遵守，包括文字長度、圖片數量、影片長度、連結使用等等。同時，也有一些功能無法使用，如編輯貼文、使用特定標籤等。此外，還要遵守不發布不當內容的規定，確保平台的健康環境。

6-1-2　在 Threads 發新串文及圖片

如果要透過 Threads 發新貼文，可以從底部中央點選「鉛筆 ✐」圖示，就可以透過文字、圖片或影片形式發新串文，讓內容更加生動。如果你想要發新串文到 Threads，請按照以下步驟操作：

❶打開 Threads 應用程式,並登入你的帳號,在底部中央點選「鉛筆 ⟦⟧」圖示:

❷接著就可以輸入串文,如果要上傳圖片或影片,請按「 ⌀ 」圖示。

❸選取要發文的圖片

❹再按「完成」鈕

❺你可以在發送前編輯或添加文字

❻然後點擊「發佈」。

❼你的貼文就會成功上傳到 Threads 了，會看到如下圖的「已發佈」

❽如要查看自己的串文是否成功發佈，只要按下圖中的「查看」。

❾各位就可以看到已成功發佈的串文。

6-2　串文的處理

　　這裡，我們將教你如何管理你在 Threads 上的串文，無論是修改、刪除或其他方式的管理，我們都將在這裡詳細介紹。

　　「Threads」這個 App，其實跟 Twitter 有點相像，不過又有自己的特色。當你開啟 Threads 時，你可以看到貼文下方有各種按鈕，像是給貼文按讚、轉發、回覆或引述特定「話題」，這跟 Twitter 很類似。不過，與 IG 需要配上照片才能發文的方式比較，「Threads」的發文方式更彈性，除了純文字貼文外，也可以附圖貼文，你想怎麼發就怎麼發。另外，如果你有看到別人的話題串，覺得很有感觸，也可以在別人的話題串進行回覆。

6-2-1　串文按讚

在 Threads 社群平台上與好友或其他人互動，在每串貼文都會有四個按鈕，分別是「按讚、回覆、轉貼、分享」四個功能。使用者可以對每條 Threads 點愛心及留言，也可以直接轉發。

串文按讚、回覆、轉貼、分享

6-2-2　串文回覆

當你在「Threads」上發表串文的時候，你可不是只能任由全世界的網友都能回覆你的貼文，你其實可以自己決定誰能回覆你。不然的話，即使你只是隨便回應一下朋友的貼文，結果你的回覆可能被全球的網友看到喔。要設定串文回覆對象，請參考底下的操作步驟：

❶ 在 Threads「設定」頁面中點選「通知」

❷ 再按「串文和回覆」

❸設定串文回覆
的通知對象

6-2-3　將 Threads 的串文分享到 Instagram 平台

　　Threads 是一款專為 Instagram 好友設計的獨立應用程式，讓你可以快速地與他們分享照片、影片和訊息。這一小節將介紹如何將你在 Threads 上的串文分享到 Instagram，這樣你就可以讓更多的人看到你的精彩內容。。

　　Threads 不僅與 Instagram 連動，包括 Threads 他人、自己的串文都能點選「紙飛機 ▽」的圖示，將貼文以「限時動態」、「貼文」的方式分享至 Instagram。相反地，Instagram 的貼文也能分享至 Threads 上。

　　如果你想要將 Threads 中的內容分享到 Instagram，你可以按照以下步驟操作。

　　首先請在 Threads 中，打開你想要分享的串文：

❶ 按下貼文下方的第 4 個鈕「紙飛機 ▽」圖示。

❷ 可以看到各種不同的分享方式。以「新增到限時動態」為例，按下後會出現下圖畫面

❸ 再按下「→」鈕進入下一個畫面（如果按「限時動態」就會直接分享）

按下「分享」鈕，就可以決定要分享的對象

再按完成鈕

6-2-4　將 IG 的貼文分享到 Threads

　　隨著科技的迅速發展，我們生活中的許多方面都發生了變化。特別是社交媒體的出現，為人們的日常交流帶來了新的可能。而在所有社交媒體平台中，Instagram（IG）無疑是最具影響力的一個。然而，許多 Instagram 用戶可能並不知道，其實我們還可以將 IG 的貼文分享到其子平台—Threads 上，這也是本書的主要主題之一。

　　本單元將帶領大家進一步探索如何將你在 Instagram 上的貼文分享到 Threads，這樣你就可以將你的精彩內容分享到更多的平台。如果你想要將 Instagram 的貼文分享到 Threads，你可以按照以下步驟操作：

❶打開 Instagram，找到你想要分享的貼文，點擊「▽」轉發鈕。

❷在彈出的選單中，選擇「分享到」。

❸再按「更多」鈕。

❹在出現的清單中選擇「Threads」App。

❺點擊「Post」按鈕進行分享貼文。

❻打開 Threads App 就可以看到該則從 Instagram 平台平享的貼文。

　　以上是如何將 Instagram 的貼文分享到 Threads 的方法，看完本章所介紹的內容相信各位對如何 Threads 如何發貼文及對串文的處理方式有完整的了解，下一個單元將介紹 Threads 的實用技巧。

6-3　Threads 私房密技　〉

　　這部分將揭露幾個 Threads 使用的小祕訣，這些祕訣將幫助你提升在 Threads 平台的體驗，並使你的貼文在眾多內容中脫穎而出。

6-3-1　隱藏按讚人數

　　在 Threads 裡，每篇話題串不只能隨心所欲地設定回覆的對象，還能「藏起來按讚的人數」喔！想要設定這個功能，你只需要點擊話題串左上角的「⊕」，就能輕鬆做好設定囉！

6-3-2 「休息一下」的提醒功能

Threads 絕對是個發洩內心情緒的理想場所，但 IG 也預見到大家可能會沉迷於 Threads 的世界，所以特別設計了一個「休息一下」的提醒機能。這個功能就是用來提醒大家，該暫時收起手機，讓自己的眼睛和身體可以休息一下，同時也更珍視和周遭人的相處時間喔！

「休息一下」這個功能如何操作呢？其實很簡單。只要在 Threads 的主畫面右上角點選「設定」，接著選擇「帳號」，然後找到「休息一下」，就可以根據你的使用習慣，設定每 10 分鐘、每 20 分鐘、每 30 分鐘的休息提醒。如果你覺得不需要，當然也可以選擇「永不」。設定「休息一下」的步驟如下：

6-3-3 敏感詞客製化隱藏

Threads 除了預設有防範不雅字眼的系統，還貼心地讓使用者可以自訂過濾掉他們不願意看到的敏感字眼。要設定這個功能，只要點進使用者帳號頁面的「設定」，然後選擇「隱私設定」，找到「隱藏字詞」，點進去「自訂字詞」，然後選擇「管理字詞和短語」，就可以加入你不想看到的關鍵字，讓那些字眼在留言版上都被過濾掉或隱藏起來。要怎麼設定自訂敏感詞過濾呢？只要跟著以下的步驟走就可以囉：

❻在這裡新增你想過濾或隱藏的關鍵字，請輸入多個字詞，並以逗號分隔，最後按下「新增」

❼會列出已新增的字詞清單。

6-3-4　化解討厭網友的方法

　　當你打開 Threads 後，可能會看到有許多不認識的網友的貼文出現在版面上。如果你對此感到不適，如果你不希望某個用戶發聲，可以噤聲該用戶。如果你對某篇貼文感到不悅，你也可以選擇「隱藏」這篇貼文。如果你決定要切斷和某個使用者的互動，你可以選擇「封鎖」這個使用者。一旦你封鎖了他，他就無法看到你的任何發言，同時你也看不到他在平台上的任何動態。各位只要點選他人文章右上角「⋯」鈕，就可以有各種處理的方式的功能表單，如下圖所示：噤聲、隱藏、封鎖、檢舉。

　　另外，你可以在使用者帳號頁面的「設定」頁面下的「隱私設定」查看已禁止發言的帳號。

Threads 讓你可以自由調整許多功能設定，例如，你可以輕鬆地透過選單來選擇停止追蹤某個特定的使用者或是讓對方無法在貼文中標註。

6-4-1　停止追蹤

在 Threads 中，如果你不想再追蹤某個用戶，可以停止追蹤他們。以下是如何停止追蹤的操作步驟：

❶打開 Threads App，進入個人資料頁面，按左方的「隱私設定」鈕。

❷點選「你追蹤的個人檔案」。

❸按「取消追蹤」鈕，可以停止追蹤該用戶。

完成以上步驟後，你就不再追蹤該用戶了。這意味著你將不再在你的動態中看到他們的貼文。

6-4-2 讓對方無法在貼文中標註

在 Threads 中，你可以設定提及權限，以防止他人在貼文中標註你。以下是如何設定提及權限的步驟，首先請先打開 Threads App，進入個人資料頁面。點選右上角「三」圖示。從 Threads 設定內選擇「隱私設定」。選擇「提及」。在這裡，你可以選擇允許哪些人標註你。例如，你可以選擇「所有人」、「你追蹤的個人檔案」或「沒有人」。

此外，你還可以限制回覆對象，以防止他人回覆你的貼文。請在已建立的串文右上角點按「…」，並在出現的選單中按下「可回覆的對象」，限制該則動態的回覆對象。

最後再次提醒使用 Threads 重要注意事項，Threads 的介面設計得相當簡潔明瞭，讓人輕鬆上手。不過要注意的是，一旦文章發佈後，就無法再對內容做出修改，只能選擇刪除。所以在按下發送鍵前，一定要確定你的內容已經準備好囉！另外，要注意的是，你無法單獨刪除 Threads 帳號，除非你選擇一併刪除 Instagram 帳號。

07

利用 Threads 打造
品牌影響力

在這個數位化的時代，利用社群媒體（Social Media）來建立品牌影響力變得越來越重要。在眾多的社群媒體中，Threads 由於其獨特的設計和功能，對品牌建立提供了新的可能性。本章將帶領大家了解如何透過 Threads，打造並擴大品牌的影響力。

7-1 理解 Threads 的使用者群和內容策略 ⟩

首先，我們將探討 Threads 的使用者群以及其特性，並討論如何適當地運用內容策略以吸引這些使用者。了解您的目標市場並針對其偏好設計內容策略，是成功利用社群媒體打造品牌影響力的基石。

7-1-1　Threads 的使用者群特性

Threads 是一款由 Instagram 母公司 Meta 所開發的社群平台 App，旨在讓大家可以更自由地在公開的社群平台上對話，不需要像 IG 一樣一定要上傳照片才能發文。Threads 的整體功能與推特十分相同，除了可以點愛心、留言和回復留言、轉發貼文之外，還能引用貼文，若想要上傳照片或是 5 分鐘內的影片也是可以。

我們前面章節已說明過，Threads 帳號的申請方式十分簡單，首先到 App Store 搜索「Threads」，下載打開之後選擇你要連動的 Instagram 帳號，匯入之後帳號就建立好啦！完全不用重新填個人資料。

我們知道，Threads 的主要特色是以文字對話為主，有更自由的發言空間，且操作介面簡單，使用者不需要上傳照片或是影片就能發文。基於這些特性，我們可以推測喜歡使用 Threads 的使用者群特性：

- 喜愛文字表達的使用者：對於喜愛以文字分享想法或感受的使用者，Threads 提供了一個理想的平台。無論是日常心情的分享，還是針對特定議題的深度討論，都可以在 Threads 上得到適合的發揮空間。

- 追求簡潔且快速的社群體驗的使用者：Threads 的簡潔介面和便利的功能，使得它成為一個追求效率、喜歡快速分享和互動的使用者的首選。

- 習慣使用 Instagram 但希望有更多互動空間的使用者：由於 Threads 與 Instagram 帳號連動，習慣使用 Instagram 的使用者可以在不需要建立新帳號的情況下，進一步擴大其社交圈並增加與他人的互動。

◐ Threads 和 Instagram 可以一鍵切換

- 喜愛熟悉但希望更多元的社群平台體驗的使用者：對於熟悉 Twitter 或其他社群媒體的使用者，他們可以在 Threads 找到相似的體驗，但又因為其連動 Instagram 的特性，而擁有更多元的社群平台體驗。

- 較私人且有特定對話群的使用者：Threads 設計有對話對象的設定，對於希望在特定的群體中進行對話，或是希望在社群媒體上有更私密空間的使用者，也會喜歡使用 Threads。

整體來說，Threads 的使用者群特性可能會偏向喜歡文字表達、追求效率、期望有私密空間，且希望有更多元社群平台體驗的使用者。

7-1-2 Threads 的內容策略

Threads 的整體功能與推特十分相同，在 Threads 的使用者群特性下，我們可以推測出以下幾種可能的內容策略：

- 精簡的訊息：Threads 限制單篇貼文僅在 500 字元內，這意味著使用者需要擬定簡單、精確的訊息，一方面避免了冗長和不必要的資訊，另一方面也使得訊息更容易被理解和記憶。因此，策略上應著重在精煉與有力的語言表達。

- 以圖說話：由於文字有限制，使用圖片和影片將更能強化訊息的傳達，也能引起更多的互動。畢竟，一圖勝過千言萬語。所以，應使用精緻、有吸引力的圖像或短影片來搭配文字。

() 使用圖片和影片將更能強化訊息的傳達

- 頻繁的更新：因為單篇貼文的字數限制，使用者可能需要更頻繁的發佈新的貼文來維持活躍度或是完整傳達訊息。這樣的策略可以增加使用者的活躍度，提高在 Threads 的能見度。

- 互動性內容：因為 Threads 的主要功能之一是與人互動，所以鼓勵使用者在你的貼文下留言或發表意見是一種好的策略。叵以透過提問、舉辦小型遊戲或是投票等方式來引起對話和參與。

🎧 透過提問或是投票來引起對話和參與

- 跨平台連結：Threads 提供分享文章連結的功能，可以利用這點將使用者引導至你的其他社群平台或網站，增加其在各平台的曝光機會，達到更全面的傳播效果。

總之，Threads 的內容策略應以創造簡單、明確、有吸引力和互動性的內容為主。這需要一些創新和獨特的思維，但只要做好，就能有效地在這個平台上擴大你的影響力。

7-2　初探 Threads 的行銷價值 ＞

本節將深入剖析 Threads 作為行銷工具的價值與潛力。我們將介紹 Threads 的行銷特性和價值，及如何定位你的品牌在 Threads 上的形象，以達成各種行銷目標。

7-2-1　Threads 的行銷特性和價值

Meta 於 2023 年 7 月釋出的社群平台 Threads，挑戰 Twitter 的地位，不到一天內就吸引了大量的使用者加入。這款火速擴展的社群平台，已經吸引無數小型企業重塑他們的社群行銷策略。Threads 作為一款新興社群平台，其快速擴張的趨勢已展現出明顯的行銷價值和特性。然而，對於時間寶貴的創業家來說，重要的是明確掌握他們的客戶在哪裡，並將資源聚焦在能夠最有效凸顯企業品牌特色的平台上。

首先，Threads 的「無門檻接觸方式」與 Twitter 有很大不同。這種容易上手且親民的設計，特別吸引 Instagram 的大量使用者，進而為平台注入了龐大的活躍使用者，這點對於企業來說是相當吸引人的。有了大量活躍使用者，企業的產品或服務能被更多的人看見，這對提升品牌知名度、吸引潛在客戶來說具有很大的幫助。

🎧 Threads 首日下載量創非遊戲 App 史上新高

※ 資料來源：https://www.ettoday.net/news/20230708/2535920.htm

再者，Threads 的快速擴展和普及，使得小型企業必須重新評估他們的行銷策略。在數位時代，迅速適應並利用新興的社群平台來推廣品牌，已經成為企業不可或缺的能力。透過 Threads，小型企業有機會接觸到更多的潛在客戶，這對於企業的成長具有關鍵的影響。

然而，「找到客戶所在」也是使用 Threads 或其他社群平台行銷的重要原則。企業必須明確掌握他們的目標客群在哪裡，進而制定有效的行銷策略。對於時間和資源有限的小型企業來說，將力量投注在對的平台，將成為提升行銷效率的重要策略。

簡而言之，Threads 作為一個新興社群平台，其快速吸引大量使用者的能力，對企業的行銷來說具有相當大的價值。然而，如何有效利用這個平台，還需要企業根據自身的目標客群，制定出有效的行銷策略。

7-2-2　如何定位你的品牌在 Threads 上的形象

品牌是一種識別標誌，代表一個公司、產品、服務或個人，通常包括名稱、標誌、口號，以及一系列與之相關的視覺元素。然而，品牌的涵義遠遠超過這些具象的標誌或設計元素。一個品牌實際上是人們對一個公司或產品的總體感受，它包含的是人們對該品牌的認知、情感聯繫、經驗和期望。建立品牌的重要性可以有底下幾種好處：

- 提升識別度：一個鮮明且獨特的品牌可以讓你在眾多競爭對手中脫穎而出，讓消費者更容易識別和記住你的產品或服務。

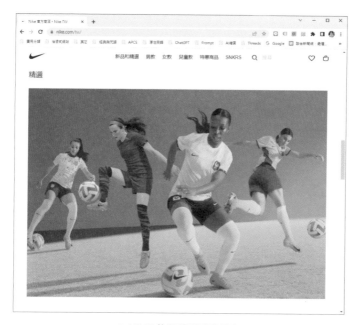

⋂ NIKE 的品牌識別度很高

- 建立信任：人們傾向於購買他們所認識和信任的品牌產品。透過一貫的品牌溝通和高品質的產品或服務，你可以建立消費者的信任，從而促進銷售。

- 建立價值：強大的品牌能提升企業的價值，這在很大程度上是因為品牌能創造價值感知，使得消費者願意為你的產品或服務付出更多。

- 吸引並保留顧客：品牌能創造情感聯繫，讓顧客對你的產品或服務產生忠誠度，這將有助於吸引並保留顧客，並使他們變成你的品牌大使，向他們的朋友和家人推薦你的產品或服務。

- 引導行銷策略：品牌提供了一個方向，引導你的行銷策略和溝通，使之保持一致性，並確保每一個觸及到顧客的點都能反映出你的品牌精神。

因此，品牌不僅僅是一個名稱或標誌，它代表了消費者對你產品或服務的期待和感受，是你與消費者建立關係的關鍵。一個成功的品牌可以贏得消費者的信任，增加忠誠度，並最終提升銷售和利潤。

至於如何在 Threads 社群平台上定位你的品牌形象，主要涉及到以下幾個步驟：

- 深度了解目標受眾：這一步驟是定位品牌形象的重要起點。你需要對目標受眾的需求、喜好、消費習慣有深度的認識。例如他們的年齡、性別、職業、收入水準、教育程度等人口統計特性；他們的價值觀、生活方式、消費觀念等心理特性；他們的媒體使用習慣、購物習慣、閒暇活動等行為特性。同時，也要了解他們在 Threads 上的活動特性，例如他們喜歡觀看、分享、評論什麼類型的內容，他們在哪些時間段活躍，他們與品牌的互動方式等。

- 清晰定義品牌價值與訊息：這是塑造品牌形象的關鍵。你需要確定品牌的使命、願景、價值觀，這將為品牌設定一個長遠的方向。同時，也需要確定品牌的個性、態度、語言風格等，這將為品牌在日常溝通中提供指南。此外，還要確定品牌的主要價值主張，也就是品牌對目標受眾的核心承諾，這將在品牌與目標受眾的關係中發揮關鍵作用。

- 精心設計內容策略：在 Threads 上，你需要創造出品牌價值與訊息一致、符合目標受眾喜好的內容。你需要確定內容的主題、形式、風格、頻率等。你可能需要創造出一些原創的內容，也可能需要策劃一些與受眾的互動活動，例如問答、挑戰、投票等。你還需要考慮到 Threads 的特性，例如文字對話為主、500字元限制等，來設計適合的內容。

- 主動與受眾互動：在 Threads 上，與受眾的互動是建立與維護品牌形象的重要方式。你可以主動回覆受眾的評論、分享他們的貼文，讓他們感受到品牌的關注與尊重。你也可以定期舉辦一些互動活動，例如問答、挑戰、投票等，來提高受眾的參與度和黏著度。

- 持續監測與優化：你需要設定一些衡量指標，例如貼文的回覆數、點讚數等，來監測品牌在 Threads 上的表現。你需要定期分析這些資料，找出哪些內容、活動、時間段等表現較好，然後優化你的策略。你也需要關注受眾的反饋，例如他們的評論、問題、建議等，並根據這些反饋進行調整。

🎧 回覆數、點讚數可列為品牌的衡量指標

上面簡述了如何在 Threads 上定位品牌形象的更詳細的步驟，希望能對如何定位你的品牌在 Threads 上的形象有所幫助！

在了解了 Threads 的使用者群及其行銷價值後，我們將討論如何設計並實施一個有效的 Threads 內容策略。包括產生和優化內容及如何規劃內容行銷活動等策略。

7-3-1　如何產生和優化內容

在 Threads 或 Twitter 等偏重於短文的社群平台上，發佈和優化內容的方法如下：

- 深入認識目標受眾：您需要了解目標受眾的興趣、活動習慣、閱讀時間等。例如您可以使用社群媒體分析工具來掌握這些資訊。只有深入了解受眾，才能建立出能引起他們共鳴的內容。

- 保持內容的一致性：您的內容風格和主題應該和您的品牌形象和價值觀一致。這樣可以提高品牌識別度，並讓受眾清楚知道您的品牌立場和特點。

- 利用視覺元素：在內容中加入吸引人的視覺元素，如圖片、表情符號、GIF 動圖等，可以讓您的內容在眾多訊息中脫穎而出，引起受眾的注意。

- 使用標籤：使用與您內容相關的話題標籤（Hashtags），可以讓您的內容更容易被相關興趣的使用者發現，從而增加曝光率。

- 參與社群互動：不僅發佈內容，還要積極參與到與您的品牌或內容相關的討論中，回覆使用者的評論，和他們進行對話，這能讓您的品牌形象更為活躍和親民。

- 定期更新內容：定期發佈新的內容，保持受眾的關注。您可以設定一個固定的更新頻率，如每天或每週一次，並盡量在受眾最活躍的時間發佈內容。

⋒ 利用視覺元素可以讓您引起受眾的注意

ChatGPT ～ IG+Threads 雙效 AI 行銷魔法師

- 資料驅動的優化：透過分析使用者對您內容的反應，如點擊、分享、點讚和評論等資料，來了解哪類內容最受歡迎，然後優化您的內容策略。例如，如果您發現影片內容比純文字內容更受歡迎，那麼您可以考慮增加影片內容的比例。

7-3-2 如何規劃內容行銷活動

在社群軟體中進行產品或品牌推廣時，行銷活動的重要性不可忽視。社群軟體已成為人們日常生活中互動和信息交流的主要平台之一，有效的行銷活動可以幫助企業或品牌在社群軟體上建立存在感、吸引目標受眾並提升知名度。透過在社群軟體中進行行銷活動，您可以建立目標受眾、提高品牌知名度、建立互動社群、監測和優化策略，並與競爭對手保持競爭力。這些都是有效推廣產品或品牌的關鍵因素，有助於實現業務目標並取得成功。在 Threads 等以短文為主的社群平台上，進行內容行銷活動時，可以考慮以下幾個策略：

- 明確行銷目標：首先，您需要確定您的行銷目標是什麼，例如，您是想擴大您的粉絲群，提升品牌知識，還是推動產品銷售。這將指引您的整個行銷活動的方向和策略。

- 了解目標受眾：透過研究和資料分析，了解您的目標受眾的興趣、活動時間、偏好等，以便您可以根據他們的特性和行為來製定內容。

- 製作吸引人的內容：建立能引起受眾注意和興趣的內容，這包括使用吸引人的視覺元素，如圖片和影片，以及創作具有吸引力的文字。

- 利用話題標籤和關鍵字：為您的內容加入相關的話題標籤（Hashtags）和關鍵字，以提高其在平台上的可搜尋性，使更多相關興趣的使用者可以找到您的內容。不過比較可惜的是，目前不支援標籤功能。

- 主動與受眾互動：與您的受眾保持良好的互動，回應他們的問題或評論，鼓勵他們分享您的內容，這不僅可以增加您內容的曝光率，還能建立和加強您與受眾的關係。

- 持續監測和優化：透過資料分析工具，持續追蹤和評估您的行銷活動的成效，如受眾的互動程度、轉化率和銷售量等，並根據資料結果來調整和優化您的行銷策略。

利用 Threads 打造品牌影響力

人要衣裝，佛要金裝，企業更要有好的品牌形象作為門面，現代行銷的最後目的，我們可以這樣形容：「行銷是手段，品牌才是目的！」。時至今日，品牌或商品透過網路行銷儼然已經成為一股顯學，品牌（Brand）就是一種識別標誌，也是一種企業價值理念與品質優異的核心體現，更是賣方為某個產品做「品質擔保」。品牌已經成長為現代企業的寶貴資產，建立品牌的目的即是讓消費者無意識地將特定的產品意識或需求與品牌連結在一起。品牌行銷的最終目的，是要引導顧客「行動」，假如顧客始終是被動接收訊息，那對品牌就一點效益也沒有，在產品與行銷的層面上，有些是天條，不能違背，數位行銷的第一步驟就是要了解你的產品定位，並且分析出你的目標受眾（Target Audience, TA），品牌更需要去理解自己「存在

● 蝦皮購物為東南亞及台灣最大的行動購物平台

的價值」，以及「為誰而服務」，最重要的是要能與目標受眾引發「品牌對話」的效果。

> **TIPS** 目標受眾（Target Audience, TA）又稱為目標顧客，是一群有潛在可能會喜歡你品牌、產品或相關服務的消費者，也就是一群「對的消費者」。

過去企業對品牌常以銷售導向做行銷，忽略顧客對品牌的定位認知跟了解，其實做品牌就必須先想到消費者的獨特需求是什麼，而不能只想自己會生產什麼，才能讓品牌成為消費者心中獨一無二的存在。在現今消費者如此善變的時代，顧客對你的第一印象取決於你們品牌行銷的成效，而且品牌滿足感往往會驅動消費者下一次回購的意願，例如計畫型購物中，有超過一半的消費者傾向選擇自己較為熟悉的品牌，而在非計畫型購物中（在逛街時臨時看到有優惠活動），更有高達 8 成的消費者傾向購買自己曾經聽過或見過的品牌。例如蝦皮 App 購物平台利用「新媒體轉型」這個策略—「品牌大於導購」，有別於一般購物社群把目標放在導流上，把整體的

競爭拉高到品牌意識上，希望逐步提升品牌市佔率，他們堅信將品牌建立在顧客的生活中，建立在大眾心目中的好印象才是現在的首要目標。

本單元中，我們將探討如何利用 Threads 擴大品牌的影響力。除了藉由提高品牌知名度，我們還將討論如何分享連結替網站文章增加導流，及管理和維護品牌在 Threads 上的口碑，並透過與使用者的互動，增加品牌的忠誠度。

7-4-1　分享連結替網站文章增加導流

Threads 平台除了分享生活點滴和情感交流外，更提供了一個極佳的機會讓您傳播並推廣您所欣賞的網站內容。透過 Threads，您可以將您的最愛文章的連結分享出去，進而為這些內容帶來額外的點閱和曝光。不僅如此，Threads 具有潛力成為一個關鍵的網路流量引導平台，能夠助力您的網站或文章吸引更多的讀者和訪客。

利用 Threads 的分享功能，您可以輕鬆地將各類型的文章連結散播出去，並有效地吸引更多的網站訪客，為您的文章或網站帶來更大的曝光機會，這是一種很好的優化網路流量引導策略。

新增到限時動態	⊕
發佈到動態消息	⊙
複製連結	𝒫
分享方式......	⤒

在 Thread 以短文為主的社群平台上，透過分享文章連結的方式，可以有效地為你的網站文章增加流量，並擴大其影響力。以下是一些具體的策略：

- 選擇吸引人的標題：文章的標題是第一個吸引使用者的地方，所以必須讓它吸引人，並且清楚地傳達文章的主要內容。

- 使用引人入勝的引文：當你分享一個連結時，除了標題，你還可以添加一段引文。這段引文可以是一個強烈的觀點、一個驚人的統計資料，或者一個精彩的故事，目的是吸引人們點擊並閱讀整篇文章。

- 選擇最佳發布時間：根據你的受眾習慣，選擇在他們最活躍的時間發布文章連結。這樣可以讓你的文章連結獲得更多的曝光機會。

- 定期追蹤並分析效果：透過資料分析工具，例如：Google Analytics。你可以了解哪些文章連結獲得了最多的點擊，並且了解使用者點擊的時間、地點等信息。這些資訊可以幫助你優化你的文章連結分享策略。

認識 Google Analytics 的功能及特性

Google Analytics 是一個強大的網站分析工具，用於追蹤、報告和分析網站流量和使用者行為。以下是 Google Analytics 的功能及特性的摘要簡介：

- 流量追蹤：Google Analytics 可以追蹤網站的流量來源，包括直接流量、搜尋引擎、社群媒體、廣告等。它提供詳細的資料，讓您了解訪客是如何發現和進入您的網站的。

- 使用者行為分析：Google Analytics 提供了關於使用者在網站上的行為的深入洞察。您可以了解訪客的停留時間、頁面瀏覽量、跳出率等指標，並追蹤特定行為，如點擊、視頻觀看和下載。

- 轉化追蹤：Google Analytics 可以追蹤使用者的會話，即他們在網站上的活動期間。它還可以追蹤轉化事件，如購買、註冊、填寫表單等。這讓您能夠評估網站的轉化效果並優化使用者體驗。

- 自訂報告和儀表板：Google Analytics 允許您根據需求創建自訂報告和儀表板。您可以選擇要顯示的指標、維度和時間範圍，以便更好地理解和展示資料。

- 平台整合：Google Analytics 可以與其他 Google 產品和第三方平台進行整合。例如，您可以將 Google Ads 帳戶與 Google Analytics 連接，以了解廣告活動的效果。此外，它還支援電子郵件報告、API 整合等功能。

- 多管道追蹤：Google Analytics 的多管道追蹤功能可以顯示使用者在多個瀏覽器、設備和管道上的行為。這有助於您了解使用者的完整互動路徑，並評估不同管道對轉化的貢獻。

- A/B 測試：Google Analytics 內建 A/B 測試功能，讓您可以比較和評估不同變體的網頁或內容的效果。這有助於優化網站的設計和內容，以提升使用者體驗和轉化率。

總的來說，Google Analytics 提供了廣泛的分析功能，讓您能夠了解網站流量、使用者行為和轉化情況。這些資料和洞察可以幫助您優化網站、改進行銷策略，以及實現業務目標。

7-4-2　管理和維護品牌在 Threads 上的口碑

在社群平台或社群軟體上，管理和維護品牌口碑是至關重要的。消費者經常根據在線評價、分享和評論來決定是否購買產品或服務。以下是一些有效管理和維護品牌口碑的策略：

- 建立明確的品牌形象和價值觀：首先，你需要確定你的品牌代表了什麼，並且明確地將其傳達給你的受眾。品牌形象和價值觀應該貫穿於所有的行銷和溝通活動中。這將有助於建立一個一致和認同感強的品牌聲音。這也包括確定你的品牌在社會問題上的立場，因為消費者越來越希望與道德和價值觀相吻合的品牌打交道。例如如果你的品牌關注可持續性，那麼這應該在你的產品、包裝、供應鏈以及你在社群媒體上的資訊中得到反映。

- 提供卓越的客戶服務：優質的客戶服務是建立和維護良好品牌口碑的關鍵。這意味著你需要傾聽你的客戶，並且及時，有效地解決他們的問題和關注。你可以透過提供全天候的線上支援，快速回應客戶的查詢和問題。同時，確保你的團隊受過良好的培訓，能夠提供專業和禮貌的服務。你還需要建立一個有效的投訴處理機制，以便你可以迅速解決任何可能損害你品牌聲譽的問題。

- 積極參與社區互動：品牌口碑不僅僅來自於你提供的產品或服務，也來自於你在社區中的角色和參與程度。透過參與並支援你的社區，你可以提升你的品牌形象並建立口碑。這可能包括贊助當地的活動，參與公益活動，或者與其他企業和組織建立合作關係。在社群媒體上，你可以透過參與討論，分享有價值的內容，以及與你的跟隨者建立連接來實現這一點。

- 監控和回應品牌評價：透過社群媒體監控工具，你可以追蹤並回應消費者對你的品牌的評價和反饋。這將使你能夠及時了解並解決可能影響你的品牌口碑的問題。當你看到正面的評價，確保表達你的感謝並分享這些評價。對於負面的評價，要尊重地回應並嘗試解決問題。記住，你的回應將被所有人看到，所以這也是塑造你的品牌形象和口碑的機會。

　　總之，透過以上介紹的品牌管理和維護品牌口碑的策略，你可以有效地管理和維護你的品牌在社群平台或社群軟體上的口碑。請記住，品牌口碑是一種長期的投資，需要時間和努力去建立和維護。但只要你專注於提供卓越的產品和服務，並且始終以誠實，透明和尊重的方式與你的客戶和社區互動，你將能夠建立一個積極和健康的品牌口碑。

ChatGPT ～ IG+Threads 雙效 AI 行銷魔法師

08

IG+Threads & ChatGPT
行銷最強魔法師

今年度最火紅的話題絕對離不開 ChatGPT，ChatGPT 引爆生成式 AI 革命，首當其衝的就是社群行銷。ChatGPT 是由 OpenAI 所開發的一款基於生成式 AI 的免費聊天機器人，擁有強大的自然語言生成能力，可以根據上下文進行對話，並進行多種應用，包括客戶服務、銷售、產品行銷等，短短 2 個月全球用戶超過 1 億。ChatGPT 是由 OpenAI 公司開發的最新版本，該技術是建立在深度學習（Deep Learning）和自然語言處理技術（Natural Language Processing, NLP）的基礎上。由於 ChatGPT 基於開放式網路的大量資料進行訓練，使其能夠產生高度精確、自然流暢的對話回應，與人進行交流。如下圖所示：

ChatGPT 能和人類以一般人的對話方式與使用者互動，例如提供建議、寫作輔助、寫程式、寫文章、寫信、寫論文、劇本小說…等，而且所回答的內容有模有樣，除了可以給予各種問題的建議，也能幫忙寫作業或程式碼，如下列二圖的回答內容：

請用C++寫九九乘法表的程式

 以下是用 C++ 寫九九乘法表的程式：

```c++
#include <iostream>
using namespace std;

int main() {
    for (int i = 1; i <= 9; i++) {
        for (int j = 1; j <= 9; j++) {
            int product = i * j;
            cout << i << " x " << j << " = " << product << endl;
        }
        cout << endl; // 換行
    }
    return 0;
}
```

程式中使用了兩個 `for` 迴圈，第一個 `for` 迴圈控制乘數，第二個 `for` 迴圈控制被乘數，兩個相乘的結果存放在 `product` 變數中，最後使用 `cout` 輸出結果。在第一個 `for` 迴圈的結尾使用 `cout << endl;` 換行，使得每個乘數的結果都在單獨一行上顯示。

IG+Threads & ChatGPT 行銷最強魔法師

ChatGPT 的使用也取決於人類的使用心態，正確地使用 ChatGPT 可以創造不同的可能性，例如有些廣告主認為使用 AI 工具幫客戶做社群行銷企劃，很像有「偷吃步」的嫌疑，其實這倒也不會，反而應該看成是產出過程中的助手，甚至可以讓行銷團隊的工作流程更順暢進行，達到意想不到的事半功倍效果。因為 ChatGPT 之所以強大，是它背後難以數計的資料庫，任何食衣住行育樂的各種生活問題或學科都可以問 ChatGPT，而 ChatGPT 也會以類似人類會寫出來的文字，給予相當到位的回答，與 ChatGPT 互動是一種雙向學習的過程，在用戶獲得想要資訊內容文字的過程中，ChatGPT 也不斷在吸收與學習，ChatGPT 用途非常廣泛多元，根據國外報導，很多 Amazon 上店家和品牌紛紛轉向 ChatGPT，還可以幫助店家或品牌再進行社群行銷時為他們的產品生成吸引人的標題，和尋找宣傳方法，進而與廣大的目標受眾產生共鳴，從而提高客戶參與度和轉換率。

8-1 認識 ChatGPT 聊天機器人

人工智慧行銷從本世紀以來，一直都是店家或品牌尋求擴大影響力和與客戶互動的強大工具，過去企業為了與消費者互動，需聘請專人全天候在電話或通訊平台前待命，不僅耗費了人力成本，也無法妥善地處理龐大的客戶量與資訊，聊天機器人（Chatbot）則是目前許多店家客服的創意新玩法，背後的核心技術即是以自然語言處理（Natural Language Processing, NLP）中的 GPT（Generative Pre-Trained Transformer）模型為主，利用電腦模擬與使用者互動對話，算是由對話或文字進行交談的電腦程式，並讓用戶體驗像與真人一樣的對話。聊天機器人能夠全天候地提供即時服務，與自設不同的流程來達到想要的目的，協助企業輕鬆獲取第一手消費者偏好資訊，有助於公司精準行銷、強化顧客體驗與個人化的服務。這對許多粉絲專頁的經營者或是想增加客戶名單的行銷人員來說，聊天機器人就相當適用。

🎧 AI 電話客服也是自然語言的應用之一

※ 圖片來源：https://www.digiwin.com/tw/blog/5/index/2578.html

TIPS　電腦科學家通常將人類的語言稱為自然語言（Natural Language），比如說中文、英文、日文、韓文、泰文等，這也使得自然語言處理（Natural Language Processing, NLP）範圍非常廣泛，所謂 NLP 就是讓電腦擁有理解人類語言的能力，也就是一種藉由大量的文字資料搭配音訊資料，並透過複雜的數學聲學模型（Acoustic Model）及演算法來讓機器去認知、理解、分類並運用人類日常語言的技術。

GPT 是「生成型預訓練變換模型（Generative Pre-trained Transformer）」的縮寫，是一種語言模型，可以執行非常複雜的任務，會根據輸入的問題自動生成答案，並具有編寫和除錯電腦程式的能力，如回覆問題、生成文章和程式碼，或者翻譯文章內容等。

8-1-1　聊天機器人的種類

　例如以往店家或品牌進行行銷推廣時，必須大費周章取得用戶的電子郵件，不但耗費成本，而且郵件的開信率低，由於聊天機器人的應用方式多元、效果容易展現，可以直觀且方便的透過互動貼標來收集消費者第一方資料，直接幫你獲取客戶的資料，例如：姓名、性別、年齡…等臉書所允許的公開資料，驅動更具效力的消費者回饋。

🎧 臉書的聊天機器人就是一種自然語言的典型應用

聊天機器人共有兩種主要類型：一種是以工作目的為導向，這類聊天機器人專注於執行一項功能的單一用途程式。例如 LINE 的自動訊息回覆。

另外一種聊天機器人則是資料驅動的模式，能具備預測性的回答能力，例如 Apple 的 Siri。

例如在 IG 粉絲專頁常見有包含留言自動回覆、聊天或私訊互動等各種類型的機器人，其實這一類具備自然語言對話功能的聊天機器人也可以利用 NLP 分析方式進行打造，也就是說，聊天機器人是一種自動的問答系統，它會模仿人的語言習慣，也可以和你「正常聊天」，就像人與人的聊天互動，而 NLP 讓聊天機器人可以根據訪客輸入的留言或私訊，以自動回覆的方式與訪客進行對話，也會成為企業豐富消費者體驗的強大工具。

8-2 開始你的 ChatGPT 之旅

從技術的角度來看，ChatGPT 是根據從網路上獲取的大量文字樣本進行機器人工智慧的訓練，與一般聊天機器人的相異之處在於 ChatGPT 有豐富的知識庫以及強大的自然語言處理能力，使得 ChatGPT 能夠充分理解並自然地回應訊息，不管你有什麼疑難雜症，你都可以詢問它。國外許多專家都一致認為 ChatGPT 聊天機器人比 Apple Siri 語音助理或 Google 助理更聰明，當用戶不斷以問答的方式和 ChatGPT 進行互動對話，聊天機器人就會根據你的問題進行相對應的回答，並提升這個 AI 的邏輯與智慧。

登入 ChatGPT 網站註冊的過程中雖然是全英文介面，但是註冊過後在與 ChatGPT 聊天機器人互動發問問題時，可以直接使用中文的方式來輸入，而且回答的內容的專業性也不失水平，甚至不亞於人類的回答內容。

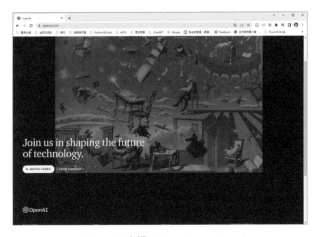

⌂ OpenAI 官網：https://openai.com/

目前 ChatGPT 可以辨識中文、英文、日文或西班牙等多國語言,透過人性化的回應方式來回答各種問題。這些問題甚至含括了各種專業技術領域或學科的問題,可以說是樣樣精通的百科全書,不過 ChatGPT 的資料來源並非 100% 正確,在使用 ChatGPT 時所獲得的回答可能會有偏誤,為了得到的答案更準確,當使用 ChatGPT 回答問題時,應避免使用模糊的詞語或縮寫。「問對問題」不僅能夠幫助用戶獲得更好的回答,ChatGPT 也會藉此不斷精進優化,AI 工具的魅力就在於它的學習能力及彈性,尤其目前的 ChatGPT 版本已經可以累積與儲存學習記錄。切記!清晰具體的提問才是與 ChatGPT 的最佳互動。如果需要進深入知道更多的內容,除了盡量提供夠多的訊息,就是提供足夠的細節和上下文。

8-2-1 註冊免費的 ChatGPT 帳號

首先我們就先來示範如何註冊免費的 ChatGPT 帳號,請先登入 ChatGPT 官網,它的網址為 https://chat.openai.com/,登入官網後,若沒有帳號的使用者,可以直接點選畫面中的「Sign up」按鈕註冊一個免費的 ChatGPT 帳號:

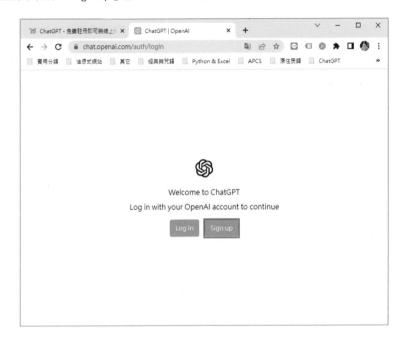

接著請各位輸入 Email 帳號,或是如果各位已有 Google 帳號或是 Microsoft 帳號,你也可以透過 Google 帳號或是 Microsoft 帳號進行註冊登入。此處我們直接示範以輸入 Email 帳號的方式來建立帳號,請在下圖視窗中間的文字輸入方塊中輸入要註冊的電子郵件,輸入完畢後,請接著按下「Continue」鈕。

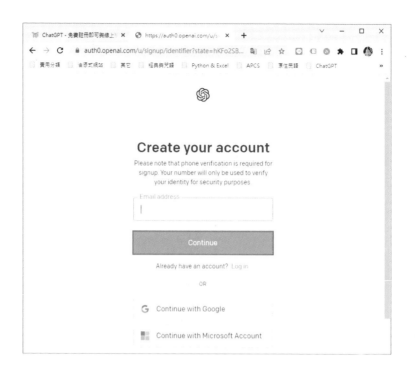

接著如果你是透過 Email 進行註冊，系統會要求使用者輸入一組至少 8 個字元的密碼作為這個帳號的註冊密碼。

上圖輸入完畢後，接著再按下「Continue」鈕，會出現類似下圖的「Verify your email」的視窗。

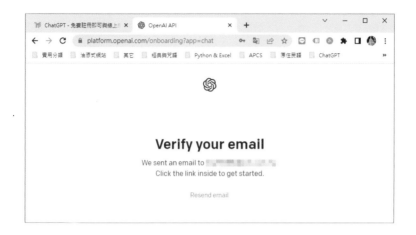

接著各位請打開自己的收發郵件的程式，可以收到如下圖的「Verify your email address」的電子郵件。請各位直接按下「Verify email address」鈕：

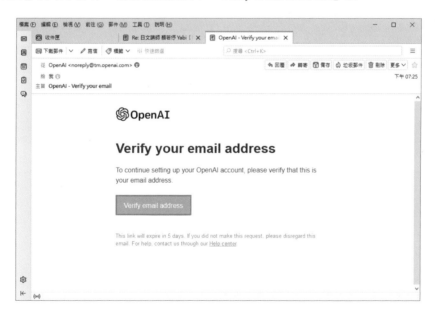

接著會直接進入到下一步輸入姓名的畫面，請注意，這裡要特別補充說明的是，如果你是透過 Google 帳號或 Microsoft 帳號快速註冊登入，那麼就會直接進入到下一步輸入姓名的畫面：

輸入完姓名後,再請按下「Continue」鈕,就會要求各位輸入你個人的電話號碼進行身分驗證,這是一個非常重要的步驟,如果沒有透過電話號碼來通過身分驗證,就沒有辦法使用ChatGPT。請注意,下圖輸入行動電話時,請直接輸入行動電話後面的數字,例如你的電話是「0931222888」,只要直接輸入「931222888」,輸入完畢後,記得按下「Send code」鈕。

幾秒後就可以收到官方系統發送到指定號碼的簡訊，該簡訊會顯示 6 碼的數字。

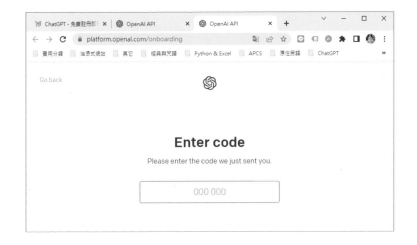

各位只要於上圖中輸入手機所收到的 6 碼驗證碼後，就可以正式啟用 ChatGPT。登入 ChatGPT 之後，會看到下圖畫面，在畫面中可以找到許多和 ChatGPT 進行對話的真實例子，也可以了解使用 ChatGPT 有哪些限制。

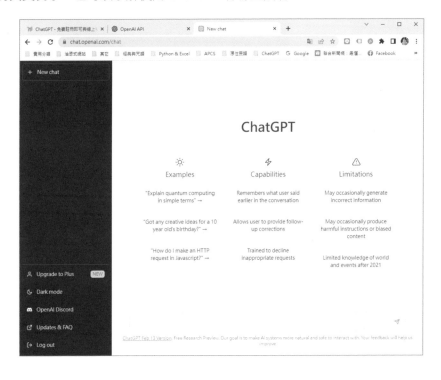

8-2-2 更換新的機器人

你可以藉由這種問答的方式，持續地去和 ChatGPT 對話。如果你想要結束這個機器人，可以點選左側的「New Chat」，就會重新回到起始畫面，並開啟一個新的訓練模型，這個時候輸入同一個題目，可能得到的結果會不一樣。

例如下圖中我們還是輸入「請用 Python 寫九九乘法表的程式」，按下「Enter」鍵正式向 ChatGPT 機器人詢問，就可以得到不同的回答結果：

如果要取得這支程式碼，還可以按下回答視窗右上角的「Copy code」鈕，就可以將 ChatGPT 所幫忙撰寫的程式，複製貼上到 Python 的 IDLE 的程式碼編輯器，底下為這一支新的程式在 Python 的執行結果。

```
Python 3.11.0 (main, Oct 24 2022, 18:26:48) [MSC v.1933 64 bit (AMD64)] on win32
Type "help", "copyright", "credits" or "license()" for more information.
============ RESTART: C:/Users/User/Desktop/博碩_CGPT/範例檔/99table-1.py ============
1 × 1 = 1      1 × 2 = 2      1 × 3 = 3      1 × 4 = 4      1 × 5 = 5      1 × 6 = 6      1 × 7 = 7      1 × 8 = 8      1 × 9 = 9
2 × 1 = 2      2 × 2 = 4      2 × 3 = 6      2 × 4 = 8      2 × 5 = 10     2 × 6 = 12     2 × 7 = 14     2 × 8 = 16     2 × 9 = 18
3 × 1 = 3      3 × 2 = 6      3 × 3 = 9      3 × 4 = 12     3 × 5 = 15     3 × 6 = 18     3 × 7 = 21     3 × 8 = 24     3 × 9 = 27
4 × 1 = 4      4 × 2 = 8      4 × 3 = 12     4 × 4 = 16     4 × 5 = 20     4 × 6 = 24     4 × 7 = 28     4 × 8 = 32     4 × 9 = 36
5 × 1 = 5      5 × 2 = 10     5 × 3 = 15     5 × 4 = 20     5 × 5 = 25     5 × 6 = 30     5 × 7 = 35     5 × 8 = 40     5 × 9 = 45
6 × 1 = 6      6 × 2 = 12     6 × 3 = 18     6 × 4 = 24     6 × 5 = 30     6 × 6 = 36     6 × 7 = 42     6 × 8 = 48     6 × 9 = 54
7 × 1 = 7      7 × 2 = 14     7 × 3 = 21     7 × 4 = 28     7 × 5 = 35     7 × 6 = 42     7 × 7 = 49     7 × 8 = 56     7 × 9 = 63
8 × 1 = 8      8 × 2 = 16     8 × 3 = 24     8 × 4 = 32     8 × 5 = 40     8 × 6 = 48     8 × 7 = 56     8 × 8 = 64     8 × 9 = 72
9 × 1 = 9      9 × 2 = 18     9 × 3 = 27     9 × 4 = 36     9 × 5 = 45     9 × 6 = 54     9 × 7 = 63     9 × 8 = 72     9 × 9 = 81
```

其實，各位還可以透過同一個機器人不斷地向他提問同一個問題，他會是基於你前面所提供的問題與回答，換成另外一種角度與方式來回應你原本的問題，就可以得到不同的回答結果，例如下圖又是另外一種九九乘法表的輸出外觀：

以下是使用Python實現九九乘法表的程式：

```python
for i in range(1, 10):
    for j in range(1, i+1):
        print("{}*{}={}".format(j, i, i*j), end="\t")
    print()
```

程式的執行結果為：

```markdown
1*1=1
1*2=2    2*2=4
1*3=3    2*3=6    3*3=9
1*4=4    2*4=8    3*4=12    4*4=16
1*5=5    2*5=10   3*5=15    4*5=20    5*5=25
1*6=6    2*6=12   3*6=18    4*6=24    5*6=30    6*6=36
1*7=7    2*7=14   3*7=21    4*7=28    5*7=35    6*7=42    7*7=49
1*8=8    2*8=16   3*8=24    4*8=32    5*8=40    6*8=48    7*8=56    8*8=64
1*9=9    2*9=18   3*9=27    4*9=36    5*9=45    6*9=54    7*9=63    8*9=72    9*9=81
```

這段程式使用了兩個for迴圈，第一個迴圈控制九九乘法表的列數，從1到9；第二個迴圈控制每列中的項目，從1到當前列數，程式使用了 `print` 函式來輸出每個乘法表的項目，並使用 `\t` 作為每個項目之間的分隔符號，以使得輸出的表格整齊。

8-2-3　登出 ChatGPT

當各位要登出 ChatGPT，只要按下畫面中的「Log out」鈕。

登出後會看到如下的畫面，只要再按下「Log in」鈕，就可以再次登入 ChatGPT。

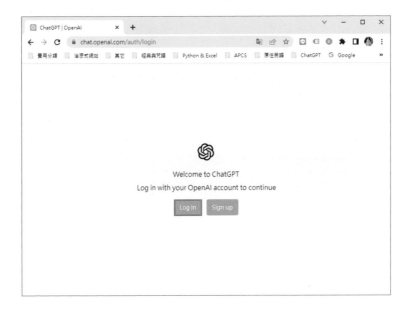

8-3　了解 ChatGPT Plus 付費帳號 〉

OpenAI 於 2023 年 2 月 1 日推出了 ChatGPT Plus，這是一個付費訂閱服務，提供額外的優勢和特點，以提供更卓越的使用體驗。訂閱使用者每月支付 20 美元，即可享受更快速的回應時間、優先級提問權益和額外的免費試用時間。

ChatGPT Plus 的推出鼓勵使用者的忠誠度和持續使用，同時為 OpenAI 提供可持續發展的商業模式。隨著時間的推移，我們預計會看到更多類似的付費方案和優勢出現，推動 AI 技術的商業應用和持續創新。

這個單元我們將深入了解 ChatGPT Plus 付費帳號的相關資訊。ChatGPT Plus 提供了更多功能和優勢，讓使用者享受更好的體驗。我們將探討 ChatGPT Plus 與免費版 ChatGPT 之間的差異，了解升級為 ChatGPT Plus 訂閱使用者的流程，以及如何開啟 Code interpreter 功能和 Plugins 的使用。

8-3-1　ChatGPT Plus 與免費版 ChatGPT 差別

在本節中，我們將詳細介紹 ChatGPT Plus 與免費版 ChatGPT 之間的區別。您將了解到 ChatGPT Plus 的特點，包括更快速地回應時間、優先使用權和更高品質的內容生成能力。我們將探討這些差異如何影響使用者的體驗和工作效率。

ChatGPT Plus 是 ChatGPT 的付費版本，提供了一系列額外的優勢和功能，進一步提升使用者的體驗。使用 ChatGPT 免費版時，當上線人數眾多且網路流量龐大時，常會遇到無法登錄和回應速度較慢等問題。為了解決這些缺點，對於頻繁使用 ChatGPT 的重度使用者，我們建議升級至 ChatGPT 付費版。付費版不僅享有在高流量時的優先使用權，回應速度也更快，有助於提高工作效率。

此外，付費版還提供了「連網使用」和「使用 GPT4.0 版本」兩種功能，對於注重回答內容品質的使用者來說，考慮訂閱 ChatGPT Plus 可能是一個不錯的選擇。底下我們摘要出付費版 ChatGPT Plus 和免費版 ChatGPT 的差異：

- 流量大時，有優先使用權
- 優先體驗新功能
- 回應速度較快
- 可使用 GPT4.0 版本，但仍有每 3 小時提問 25 個問題的限制
- 可以使用各種 plugin 外掛程式
- 使用功能強大的 Code interpreter（程式碼解釋器）

如果您想了解更多關於 ChatGPT Plus 的功能和優勢，請開啟以下網頁以獲取更詳細的說明：https://openai.com/blog/chatgpt-plus。

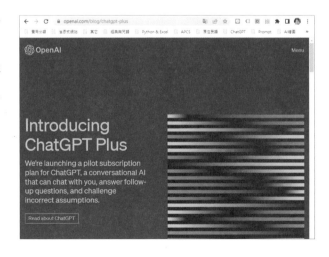

8-3-2 升級為 ChatGPT Plus 訂閱使用者

在這一節中，我們將介紹如何升級為 ChatGPT Plus 的訂閱使用者。您將了解到訂閱的流程和步驟，以及相關的訂閱方案和價格。我們將提供實用的建議和指引，幫助您順利升級並開始享受 ChatGPT Plus 的優勢。

如果要升級為 ChatGPT Plus 可以在 ChatGPT 畫面左下方按下「Upgrade to Plus」：

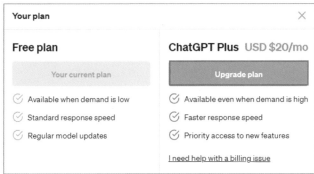

填寫信用卡和帳單資訊後，點擊「訂閱」按鈕即可完成 ChatGPT Plus 的升級。請注意，目前付費方案是每個月 US20，會自動扣款，如果下個月不想再使用 ChatGPT Plus 付費方案，記得去取消訂閱。

完成付款後，畫面將顯示類似下圖的介面。請按下「Continue」按鈕繼續，接著您將收到一封確認付款的訂單電子郵件。

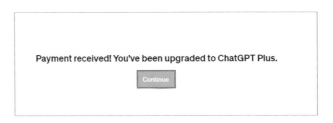

一旦成功升級為付費 PLUS 版，當您再次進入畫面時，您會立即注意到畫面上方出現了 GPT4 的選項，同時 Logo 上也標示著「PLUS」字樣，這表示您的升級已經完成。

8-3-3 開啟 ChatGPT Plus 的 Plugins

在這一節中,我們將探討如何開啟 ChatGPT Plus 的外掛功能。外掛(或稱插件)能夠為 ChatGPT 帶來更多的功能和擴充性,讓您根據自己的需求定製和增強 ChatGPT 的能力。我們將詳細介紹外掛的安裝和使用步驟,幫助您更好地運用 ChatGPT 的潛力。

STEP 01 開啟功能表:點選畫面下方的「...」按鈕,開啟功能表,選擇「Settings」:

進入設定頁面後，在設定選單中，啟用「Plugins」功能。

返回 ChatGPT 主畫面，選擇 GPT-4，下拉選單中會出現「Plugins」選項，勾選欲使用的外掛。

首次進入時，會看到「No plugins enabled」，接著請點選「Plugin store」進行外掛安裝。

STEP 05　會出現如下的「About plugins」說明畫面，該說明文字的大意如下：

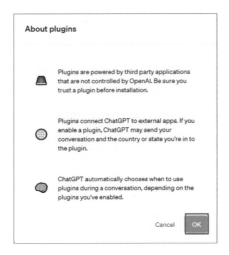

插件是由 OpenAI 無法控制的第三方應用程序提供的。在安裝插件之前，請確保您對該插件有足夠的信任。插件的作用是將 ChatGPT 與外部應用程序連接起來。如果您啟用了插件，ChatGPT 可能會將您的對話內容的一部分以及您的國家 / 地區信息發送到插件，以提升對話的效果。根據您啟用的插件，ChatGPT 將自動決定在對話中何時使用插件。

看完後，再按下「OK」鈕。

STEP 06　找到欲安裝的外掛，點選「Install」開始安裝。

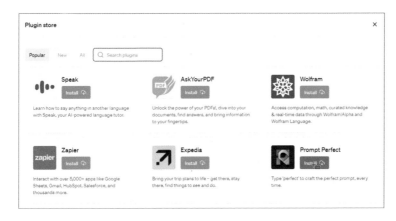

STEP 07　安裝成功後，返回主畫面，您可以使用下拉選單查看已安裝的外掛，勾選欲使用的外掛即可。

　　ChatGPT 是目前科技整合的極致，繼承了幾十年來資訊科技的精華。以前只能在電影上想像的情節，現在幾乎都實現了。在生成式 AI 蓬勃發展的階段，ChatGPT 擁有強大的自然語言生成及學習能力，更具備強大的資訊彙整功能，各位想到的任何問題都可以尋找適當的工具協助，加入自己的日常生活中，並且得到快速正確的解答。當今沒有一個品牌會忽視數位行銷的威力，ChatGPT 特別是對電商文案撰寫有極大幫助，可用於為品牌官網或社群媒體，成為眾多媒體創造聲量的武器，去產製更多優質內容、線上客服、智慧推薦、商品詢價等服務，ChatGPT 正以各種方式快速融入我們的日常生活與數位行銷領域，也逐漸讓許多廣告主有追逐流量的壓力，大幅提升行銷效果和用戶體驗。以下先為各位介紹目前耳熟能詳的應用範圍：

- AI 客服：行銷圈都知道電商客服一直都是賣家心中的一個痛，不過 ChatGPT 在客服行業卻具有非常大的應用潛力，品牌商家可以使用 ChatGPT 開發聊天機器人。對於一些知名企業或品牌，客服中心的運作成本非常高，ChatGPT 可以擔任自動客服機器人，藉以回答常見的客戶問題，並提供有關購買、退貨和其他查詢的服務，達到節省成本來創造社群行銷機會來優化客戶體驗，協助行銷與客服人員提供更加自然且精準的回覆，能有效引導消費者完成購買流程，提高客戶關係管理的效率（CRM），不僅業績提升成交量，也建立起消費者資料庫，利於日後推播個人化廣告與產品。雖然 ChatGPT 可以成為有價值的附加工具，但不應將其完全作為和客製客戶服務的替代品，畢竟相比 ChatGPT 客觀理性的冰冷回答，真實人員服務能針對「顧客的需求」展現具有溫度的同理與貼心，是 AI 客服無法完全取代真人的關鍵。

⋒ 緯創資通推出 ChatGPT 客服機器人

- 語言翻譯：ChatGPT 可以幫助我們進行不同語言之間的翻譯，對於需要大量人工翻譯的跨境電商產業而言，ChatGPT 可以應用於語系翻譯和自動調整產品描述與說明，正確率也比一般人常用的 Google 翻譯高上許多，使得不同語言之間的溝通變得更加容易和順暢，並且大大減少翻譯人力成本，為用戶帶來更好的閱讀體驗。

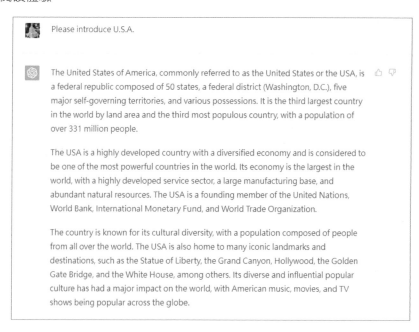

IG+Threads & ChatGPT 行銷最強魔法師

接著只要輸入類似「請將我剛才問的問題的英文的回答內容翻譯成中文」，就會將剛才的英文回答內容翻譯成中文，請參考下圖：

好的，以下是對於美國（U.S.A.）的英文回答的翻譯：

美利堅合眾國（United States of America），簡稱美國（United States或USA），是一個聯邦共和國，由50個州、一個聯邦區（華盛頓特區）、五個自治領土和各種屬地組成。美國是世界上第三大的國家，其土地面積和人口數都居世界第三位，擁有超過3.31億人口。

美國是一個高度發達的國家，擁有多元化的經濟體系，被認為是世界上最強大的國家之一，其經濟體系是全球最大的，擁有高度發達的服務業和龐大的製造業基礎，並擁有豐富的自然資源。美國是聯合國、世界銀行、國際貨幣基金組織和世界貿易組織的創始成員。

美國因其文化多樣性而著名，其人口來自世界各地。美國也擁有許多標誌性的地標和旅遊勝地，如自由女神像、大峽谷、好萊塢、金門大橋和白宮等，其多元且有影響力的流行文化對全球產生了巨大影響，美國的音樂、電影和電視節目在全球都很受歡迎。

美國是一個憲法聯邦民主國家，政府由三個部門組成：行政、立法和司法。該國具有悠久的政治和社會行動的歷史，包括民權運動、婦女權利、LGBTQ權利和環保主義等運動。

● 行銷內容創作：ChatGPT 在電子商務領域中也具有重要的應用價值，隨著 AI 技術的提升，文字和影像可以透過 AI 產生，由於網路行銷管道的模式愈來愈多，為了提高消費者體驗，店家需要將商品訊息做出清晰明確的描述，因此快速產出素材與文案的壓力愈來愈大，由於 ChatGPT 的核心應用就是文書處理，可以應用於自動生成商品描述與產品介紹，不但能寫論文、劇本和小說，尤其是我們經營電商產業，文字內容基本上就是我們主要的銷售和營銷方式，畢竟我們難以在當地直接面對客戶，因此掌握 ChatGPT，就可以大幅為店家和品牌分擔網路行銷活動的文字工作量，進一步提高電商平台的營收。

例如產品描述是市場行銷的一個重要部分，ChatGPT 可以根據客戶的喜好、交易行為、興趣、偏好、和需求，幫助行銷團隊確定目標受眾的偏好、興趣和痛點，居然可以在不到 5 秒內生成更符合受眾的產品文案與提高消費者關注度，甚至協助大量生成創意雛形，還可以開發對應的市場行銷活動方案、符合社群平台所需的貼文與撰寫 YouTube 影片腳本，進而提高廣告的點擊率和轉換率，還具備自動摘要的能力，可以將長文摘要出文章重點：

請以至少600字介紹台灣

台灣是一個美麗的島嶼，位於東亞的中心地帶，北臨東海，東鄰太平洋，西接台灣海峽，南隔巴士海峽與菲律賓相望。台灣地理位置獨特，緯度介於北緯20°45'~25°56'之間，面積約有36,000平方公里，是世界上第38大的國家。

台灣擁有豐富的人文歷史，是一個多元文化的國家。先民們在台灣島上居住已有萬餘年歷史，歷經荷蘭、西班牙、清朝、日治時期等不同的政權統治，每個時期都留下了獨特的文化遺產，使台灣文化綜合了多種不同文化的元素。

台灣的氣候溫和，四季分明，植被豐富，有各種不同的自然風光，如高山、海岸、溪流、森林、湖泊等等。其中，太魯閣、日月潭、阿里山等地區是著名的旅遊勝地，吸引了大量國內外遊客前來旅遊。

此外，台灣也是一個經濟發達的國家。自20世紀80年代開始，台灣的經濟快速發展，成為了亞洲四小龍之一，現在，台灣擁有高度發達的科技產業、製造業、金融業等，也是全球最大的積體電路製造商之一。台灣的經濟成就得益於政府的積極政策，也得益於勤奮的台灣人民。

台灣的人民熱情好客，友善而有禮。華人文化中講究的"以人為本"和"和氣生財"在台灣得到了充分體現。台灣的飲食文化豐富多彩，有許多美食是讓人流連忘返的，如台北的小吃、台南的小吃、台中的豆花、嘉義的瘦肉粥等等，此外，台灣也是茶葉生產和茶文化的重要地區，台灣茶

各位只要輸入類似「請將我剛才問的問題的回答內容摘要重點」，就會將剛才的回答內容以條列式摘要出來，請參考下圖：

 摘要重點：

* 台灣位於東亞中心地帶，緯度介於北緯20°45'~25°56'之間，面積約有36,000平方公里，是世界上第38大的國家。
* 台灣有豐富的人文歷史和多元文化，歷經荷蘭、西班牙、清朝、日治時期等不同的政權統治，每個時期都留下了獨特的文化遺產，使台灣文化綜合了多種不同文化的元素。
* 台灣的氣候溫和，四季分明，植被豐富，有各種不同的自然風光，如高山、海岸、溪流、森林、湖泊等等。太魯閣、日月潭、阿里山等地區是著名的旅遊勝地。
* 台灣是一個經濟發達的國家，擁有高度發達的科技產業、製造業、金融業等，也是全球最大的積體電路製造商之一。台灣的經濟成就得益於政府的積極政策，也得益於勤奮的台灣人民。
* 台灣人民熱情好客，友善而有禮。台灣的飲食文化豐富多彩，有許多美食是讓人流連忘返的。台灣也是茶葉生產和茶文化的重要地區。

8-4-1　發想廣告郵件與官方電子報

電子郵件行銷（Email Marketing）與電子報行銷（Email Direct Marketing）的使用數量也在持續增長中，更是許多企業慣用的行銷手法，由於費用相對低廉，加上可以追蹤，將會大大的節省行銷時間及提高成交率。ChatGPT 能為店家自動發想與

生成電子郵件與電子報回信內容，只要下對指令，把你的行銷需求告訴 ChatGPT，輸入推廣的對象，需要促銷的產品，以及預期達到的目的，就能自動產出一封符合指定情境、信件內容的官方郵件與電子報，除了提高品牌知名度以外，也更加連結與消費者之間的關係。又或者收到許多怨念十足的客訴信轟炸，這時只要拜託 ChatGPT 寫一封針對關鍵問題的道歉信，瞬間就能寫出一封誠意滿滿、文情並茂的道歉信，及時分擔客服人員的壓力。接下來請幫忙寫一封商品推薦的官方電子郵件，商品資訊如下：

【提問】油漆式速記多國語言雲端學習系統（https://pmm.zct.com.tw/zct_add/）這套系統是利用本公司獨家發明的油漆式速記法原理所建構完成，配合教育部的全英語授課（English as a Medium of Instruction, EMI）與國際教育政策，內容包含了國內外十幾種著名的英語檢定與 20 種第二外語相關檢定（日、韓、德、西、法、越、泰、印尼等），近期也將推出本土語學習系統（臺語、手語、客家語、原住民語），目前已開放六大類試用版本。

研發公司：榮欽科技股份有限公司

公司官網：www.zct.com.tw

業務代表：吳燦銘先生

【回答】

尊敬的客戶您好，

感謝您對榮欽科技股份有限公司的油漆式速記多國語言雲端學習系統感興趣，我們的系統是利用本公司獨家發明的油漆式速記法原理所建構完成，配合教育部的全英語授課(English as a Medium of Instruction, EMI)與國際教育政策，內容包含了國內外十幾種著名的英語檢定與 20 種第二外語相關檢定(日、韓、德、西、法、越、泰、印尼等)，並且近期也將推出本土語學習系統(臺語、手語、客家語、原住民語)，目前已開放六大類試用版本。

我們相信這套系統能夠有效地協助您學習語言，無論是在工作、旅遊或學術方面。使用我們的系統，您可以學習並且熟練掌握不同的語言，進而擴大您的國際視野。

如果您對我們的產品有任何問題或者需要進一步的資訊，請聯繫我們的業務代表吳燦銘先生，他將竭誠為您服務。

謝謝您對我們產品的關注，期待您的回應。

此致
敬禮

榮欽科技股份有限公司

8-4-2 生成 IG/Threads 標題與貼文

如果你的品牌有經營 IG 社群，你總需要寫一些貼文來做行銷，因此貼文內容扮演著最重要的社群行銷角色，甚至粉絲都會主動幫你推播與傳達。社群上發佈貼文的目的當然是盡可能讓越多人看到越好，一張平凡的相片，如果搭配一則好文章，也能搖身一變成為魅力十足的貼文。寫貼文時更要注意標題訂定，設身處地為用戶著想，了解他們喜歡聽什麼、看什麼，或是需要什麼，為貼文配上注目標題，這樣撰寫出來的標題與貼文較能引起共鳴。ChatGPT 就能幫助絞盡腦汁的小編，完美化身你的免費行銷專員，只要輸入正確店家名稱、文章關鍵字、活動主題、呈現的風格，並在指令加上字數和語氣的要求，加入目的可以讓標題更有效捕捉目光，就會自動產生對應的文章，快速生成符合各種平台所需的標題與貼文。

【提問】請寫出十個較會引人感興趣的關於林書豪（Jeremy Lin）的 Instagram post 標題

【回答】

1. "我的首次CBA之旅：這裡是我新的家！CN 🏀🏠"
2. "練球不只是在場上：我如何鍛鍊自己的心態和身體素質 💪🏀"
3. "承諾是誓言，不是藉口：為什麼我選擇加入北京首鋼籃球隊 🏆CN"
4. "每一個失敗都是一個機會：回顧我在NBA的職業生涯 🏀📷"
5. "來自紐約的祝福：感謝所有支持我的人 🙏🏀 #NewYorkForever"
6. "我在CBA的第一個週年紀念：這是一個不可思議的經歷CN 🏀✨"
7. "籃球是一個團隊運動：如何與我的隊友們建立更好的默契 🤍🏀"
8. "從運動員到企業家：我如何為我的未來做好準備 🏀📷"
9. "做一個有影響力的領袖：我如何在場上和場下影響我的粉絲和支持者 🏀🏀"
10. "成功不是最終目標：如何保持對籃球和生活的熱情和動力 🏀🏀"

【提問】請寫出「每一個失敗都是一個機會：回顧我在 NBA 的職業生涯 」的 Instagram post 貼文

【回答】

> 大家好，今天我想談談我在NBA的職業生涯。作為一個職業籃球運動員，我經歷了許多高低起伏，也經歷了很多失敗。但是我始終相信，每一個失敗都是一個機會。
>
> 當我第一次進入NBA時，我曾被視為一個不夠優秀的球員。我被忽略了，沒有被選中，也沒有得到太多的關注。但這些挫折並沒有讓我放棄，相反地，我更加堅定了自己的信念，認為只要努力，我就能夠在NBA中立足。
>
> 在NBA的生涯中，我經歷了很多失敗。有的是因為自己的技術不夠好，有的是因為缺乏經驗和智慧。但是我並不會被這些失敗打敗，相反地，我會從中吸取教訓，努力變得更好。
>
> 我的NBA生涯並不是一帆風順的。我經歷過許多困難和挫折，但是我從中學到了很多東西，也因此變得更加堅強和堅定。我的職業生涯給了我很多機會去成長和發展，讓我能夠在籃球場上展現自己的技術和才華。
>
> 我希望我能夠在自己的職業生涯中，繼續成長和進步。我會繼續對自己的技術和才華保持挑戰和追求，因為我相信每一個失敗都是一個機會。謝謝大家的支持和關注，讓我能夠在籃球場上發光發熱！

8-4-3 速覽 YouTube 影片摘要

「他山之石，可以攻錯！」如果行銷團隊想要參考國外其他同業的網站或社群行銷影片技巧，ChatGPT 幫助我們自動快速產生像是新聞、網站、YouTube 影片摘要、網頁文章等的摘要內容，例如「YouTube Summary with ChatGPT」是一個免費的 Chrome 擴充功能，可讓您透過 ChatGPT AI 技術快速觀看 YouTube 影片的摘要內容，有了這項擴充功能，能節省觀看影片的大量時間，加速學習。另外，您可以通過在 YouTube 上瀏覽影片時，點擊影片縮圖上的摘要按鈕，來快速查看影片摘要。

首先請在「chrome 線上應用程式商店」輸入關鍵字「YouTube Summary with ChatGPT」，接著點選「YouTube Summary with ChatGPT」擴充功能：

接著會出現下圖畫面，請按下「加到 Chrome」鈕：

出現右圖視窗後，再按「新增擴充功能」鈕：

完成安裝後，各位可以先看一下有關「YouTube Summary with ChatGPT」擴充功能的影片介紹，就可以大概知道這個外掛程式的主要功能及使用方式：

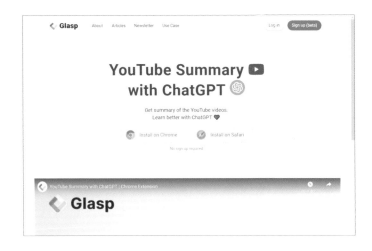

接著我們就以實際例子來示範如何利用這項外掛程式的功能，首先請連上YouTube 觀看想要快速摘要了解的影片，接著按「YouTube Summary with ChatGPT」擴充功能右方的展開鈕：

就可以看到這支影片的摘要說明，如下圖所示：

網址：youtube.com/watch?v=s6g68rXh0go

在上圖中各位可以看到一個工具列 ，由左到右的功能分別為「View AI Summary」、「Jump to Current Time」、「Copy Transcript(Plain Text)」三項功能。其中「View AI Summary」鈕會啟動 ChatGPT 來查看該影片的摘要功能，如下圖所示：

其中「Jump to Current Time」鈕則會直接跳到目前影片播放位置的摘要文字說明，如下圖所示：

其中「Copy Transcript(Plain Text)」鈕則會複製摘要說明的純文字檔，各位可以依自己的需求貼上到指定的文字編輯器來加以應用。例如下圖為摘要文字內容貼到Word 文書處理軟體的畫面。

其實 YouTube Summary with ChatGPT 這款擴充功能，它的原理就是將 YouTube影片字幕提供給 AI 聊天機器人 ChatGPT，再根據這個字幕的文字內容，快速摘要出這支影片的主要重點。在方框旁有一個複製的按鈕，就可以將文字丟入 ChatGPT，ChatGPT 就會幫我們摘要一段英文。如下圖所示：

> According to Dr. Brooks, true happiness comes from being in the zone of what you love to do and what you appreciate most in life. It has to do with being in line with your own values and living according to your own integrity. He quotes Carl Jung, who believed that to be happy, you need to understand your own values and live according to them.
>
> Dr. Brooks encourages people to find what they truly love to do and to pursue that, rather than chasing extrinsic lures like money, power, pleasure, and fame. He believes that people who live outside their groove and do not follow their own values are never in equilibrium and are never truly comfortable in their own skin.
>
> Overall, Dr. Brooks argues that true happiness comes from being true to yourself and doing what you love, rather than from external factors like money or status.

接著我們再輸入「請將上述英文翻譯成繁體中文」，就可以馬上翻譯成如下的成果：

> 在這段影片中，哈佛大學教授阿瑟·布魯克斯談到了關於快樂的一個常見誤解。他認為常見的滿足模式是錯誤的，這種模式告訴你要努力工作、賺錢、成功、受人敬仰、被人養慕、存錢，然後開心地死去。然而，這是錯誤的。除了金錢，研究顯示金錢並不能帶來真正的快樂。金錢能夠暫時降低不快感，但快樂和不快樂是不同的體驗，並不是相反的。
>
> 人們常常把不快感誤認為快樂，認為越賺錢越幸福。但事實並非如此。布魯克斯教授指出，真正的快樂來自於做自己真正喜愛和欣賞的事情。當你與自己的價值觀相符合，按照自己的價值觀生活時，你才會真正快樂。卡爾·榮格曾這樣解釋快樂：你需要了解自己的價值觀，了解自己認為什麼是正確的、道德的，如果你知道這些並能表達出來，按照這些價值觀生活，你就會快樂。
>
> 如果你同意這種觀點，那麼布魯克斯教授認為這是有很多道理的，因為你需要找到自己的世界觀，知道自己認為什麼是真理，然後按照自己的價值觀、自己的正直生活。當人們生活在這個軌道之外時，他們永遠不會達到平衡，他們永遠不會真正感到自在。因此，布魯克斯教授鼓勵人們找到自己真正喜愛的事情，而不是追逐金錢、權力、享樂和名譽等外在誘惑，他認為，那些生活在軌道之外、沒有按照自己的價值觀生活的人，永遠無法真正感到舒適自在。

如果你已經拿到 New Bing 的權限的話，可以直接使用 New Bing 上面的問答引擎，輸入「請幫我摘要這個網址影片：https://www.youtube.com/watch?v=s6g68rXh0go」，萬一輸入 YouTube 上瀏覽器的網址沒有成功，建議影片的網址改放 YouTube 上面分享的短網址，例如：「請幫我摘要這個網址影片：https://youtu.be/s6g68rXh0go」，也能得到這個影片的摘要。

8-5 活用 Bing GPT-4 撰寫行銷文案 ＞

　　本節主要介紹如何利用 ChatGPT 發想產品特點、關鍵字與標題，並利用 ChatGPT 撰寫 IG、FB、Google、短影片文案，以及如何利用 ChatGPT 發想行銷企劃案。在本章中，我們將會介紹如何使用 ChatGPT 來協助您的行銷策略，並提供一些有用的技巧和建議。例如在向客戶提案前需要先準備 6 個創意，可以先把一些關鍵字詞丟進 ChatGPT，團隊再從中挑選合適的意見進行修改或增刪，最好記得都需要人手編修校正，因為 ChatGPT 畢竟是 AI，生產出來的內容，無法 100% 符合店家行銷思維的完整答案。

接下來的例子採用微軟 Edge 瀏覽器內建的新必應（New Bing）搜尋引擎來示範如何活用 GPT-4 撰寫行銷文案，主要目的是要以「油漆式速記多國語言雲端學習系統」為例完整示範如何請 ChatGPT 撰寫行銷文案。

網址：https://pmm.zct.com.tw/zct_add/

8-5-1　利用 ChatGPT 發想產品特點、關鍵字與標題

在現代商業社會，創新和行銷是推動業務增長的核心。如何讓您的產品在競爭激烈的市場中脫穎而出，是每一個企業都面臨的挑戰。利用 ChatGPT 作為一個智能的創意輔助工具，可以幫助您發想產品特點、關鍵字和標題，提高行銷效果。本小節將介紹如何利用 ChatGPT 這一工具來挖掘產品賣點的關鍵字，推薦適合的行銷文案標題，並提供一些有用的技巧和建議。讓您的產品更加吸引眼球，促進銷售增長。

♟ 請教 ChatGPT 行銷產品的摘要特點

【提問】漆式速記多國語言雲端學習系統是什麼

【回答】

「油漆式速記多國語言雲端學習系統」是一套利用「油漆式速記法」原理所建構完成的系統，透過速讀與右腦圖像記憶的輔助，幫助使用者在短時間內記下大量單字，對於學生快速取得語言相關證照、檢定，快速提升個人外語能力有意想不到的驚人效果[1]。此系統包含了國內外十幾種著名的英語檢定與20種第二外語相關檢定及本土語言[2]。

希望這些資訊對你有所幫助！如果你還有其他問題，歡迎再問我哦！☺

♟ 找出賣點的關鍵字

【提問】請列出漆式速記多國語言雲端學習系統介紹中的幾個重要關鍵字

【回答】

當然可以！介紹中的重要關鍵字有「油漆式速記法」、「速讀」、「右腦圖像記憶」、「大量單字」、「語言相關證照、檢定」、「快速提升個人外語能力」、「國內外十幾種著名的英語檢定與20種第二外語相關檢定及本土語言」等等。希望這些資訊對你有所幫助！如果你還有其他問題，歡迎再問我哦！☺

♟ 推薦行銷文案標題

【提問】我想寫一篇行銷文案，請列出針對上述幾個重要關鍵字重點，列出5個行銷文案的標題

【回答】

當然可以！以下是我為您準備的5個行銷文案標題：

1. 用「油漆式速記法」，快速提升你的外語能力！
2. 油漆式速記多國語言雲端學習系統，讓你輕鬆應對各種語言檢定！
3. 油漆式速記多國語言雲端學習系統，讓你在短時間內記下大量單字！
4. 油漆式速記多國語言雲端學習系統，讓你的學習更有效率！
5. 油漆式速記多國語言雲端學習系統，讓你的學習更有成效！

希望這些標題能夠幫助到您！如果您還有其他問題，歡迎再問我哦！☺

8-6 使用 Bing GPT-4 寫 IG、FB、Google、短影片文案

　　社群媒體和網路廣告成為現代企業行銷的重要途徑。撰寫引人入勝的社群媒體文案和廣告文案，能夠吸引目標客戶的注意力，提高產品的知名度和銷售量。此外，在短影片和演講推廣等方面，撰寫精煉而又生動有趣的文案也是至關重要的。利用 ChatGPT 智能寫作輔助工具，可以協助您撰寫各種社交媒體和網路廣告的文案，讓您的產品更容易被消費者所發現和喜愛。

　　在本小節中，我們將會介紹如何使用 Bing Chat 來協助您撰寫不同社群平台的行銷文案和腳本，並提供一些有用的技巧和建議。包括如何利用 Bing Chat 撰寫 Facebook 社群行銷文案、IG 社群行銷文案、Google 平台的廣告文案，以及撰寫抖音短影片腳本和演講推廣的流程大綱。

8-6-1　撰寫 FACEBOOK 社群行銷文案

【提問】請針對「油漆式速記多國語言雲端學習系統，讓你在短時間內記下大量單字！」

　　　　這個標題寫一篇適合 Facebook 平台的社群行銷文案

　　　　字數：200 字以內

　　　　廣告目標：吸引有大量背單字需求的使用者

　　　　文案風格：專業

【回答】

當然可以！以下是我為您準備的Facebook社群行銷文案：

「油漆式速記多國語言雲端學習系統」，讓你在短時間內記下大量單字！如果你正在準備各種語言檢定，或是想要快速提升自己的外語能力，那麼這個系統絕對是你不可錯過的好幫手！利用「油漆式速記法」原理所建構完成的系統，透過速讀與右腦圖像記憶的輔助，幫助使用者在短時間內記下大量單字，讓你的學習更有效率、更見成效！如果你有大量背單字的需求，那麼這個系統一定能夠滿足你的需求。現在就來體驗「油漆式速記多國語言雲端學習系統」，讓你的學習事半功倍！

4之20 ●

8-6-2　撰寫 IG 社群行銷文案

【提問】請針對 "用「油漆式速記法」，快速提升你的外語能力！" 這個標題寫一篇適合 IG 平台的社群行銷文案

字數：200 字以內

廣告目標：吸引有想快提升外語能力的使用者

文案口吻：活潑、幽默

【回答】

> 當然可以！以下是我為您準備的IG社群行銷文案：
>
> 「用「油漆式速記法」，快速提升你的外語能力！」如果你正在為了各種語言檢定而煩惱，或是想要快速提升自己的外語能力，那麼這個系統絕對是你不可錯過的好幫手！利用「油漆式速記法」原理所建構完成的系統，透過速讀與右腦圖像記憶的輔助，幫助使用者在短時間內記下大量單字，讓你的學習更有效率、更有成效！如果你想要快速提升自己的外語能力，那麼這個系統一定能夠滿足你的需求。現在就來體驗「油漆式速記多國語言雲端學習系統」，讓你的學習事半功倍！
>
> 5 之 20 ●

8-6-3　撰寫 Google 平台的廣告文案

【提問】請針對 "油漆式速記多國語言雲端學習系統，讓你輕鬆應對各種語言檢定！" 這個標題寫一篇適合 Google 平台的廣告文案

字數：200 字以內

文案口吻：活潑、幽默

【回答】

> 當然可以！以下是我為您準備的Google廣告文案：
>
> 「油漆式速記多國語言雲端學習系統，讓你輕鬆應對各種語言檢定！」如果你正在為了各種語言檢定而煩惱，或是想要快速提升自己的外語能力，那麼這個系統絕對是你不可錯過的好幫手！利用「油漆式速記法」原理所建構完成的系統，透過速讀與右腦圖像記憶的輔助，幫助使用者在短時間內記下大量單字，讓你的學習更有效率、更有成效！如果你想要輕鬆應對各種語言檢定，那麼這個系統一定能夠滿足你的需求。現在就來體驗「油漆式速記多國語言雲端學習系統」，讓你的學習事半功倍！
>
> 6 之 20 ●

8-6-4　撰寫抖音短影片腳本

　　抖音（Tiktok）是 Z 世代相當流行的短影音平台，甚至於躍升台灣網友愛用社交平台前五名，相當每三人就有一人熱衷使用 TikTok，更是連續四年蟬聯全球 App 下載量排行榜冠軍。抖音看準了年輕人「愛秀成癮」的「短」、「快」、「即時」行動影音傳播趨勢，讓許多人直接透過手機輕鬆拍攝短視訊影片，可以錄製 15 秒至 1 分鐘、3 分鐘或者更長的影片，再搭配耳熟能詳的旋律，不斷進行內容創意的延展，將個人的創意和想法表現在影片當中，就能讓內容輕鬆吸引全球觀眾的目光。

【提問】請針對 "油漆式速記多國語言雲端學習系統，讓你在短時間內記下大量單字！"

　　　　這個標題寫一篇一分鐘短影片腳本

　　　　必須以條列式方式呈現，且必須有短影片角色設定

　　　　字數：100 字以內

【回答】

當然可以！以下是我為您準備的一分鐘短影片腳本：

角色設定：

- 主角：一位正在為了各種語言檢定而煩惱的學生
- 配角：一位正在使用「油漆式速記多國語言雲端學習系統」的學生

場景設定：

- 主角正在圖書館裡焦急地背單字，但是進度卻緩慢
- 配角在旁邊輕鬆自在地背單字，並且進度神速

腳本內容：

1. 主角看到配角背單字進度神速，感到十分好奇。
2. 配角向主角介紹「油漆式速記多國語言雲端學習系統」，並且分享自己使用的心得。
3. 主角開始使用「油漆式速記多國語言雲端學習系統」，並且發現自己的背單字速度大幅提升。
4. 主角成功通過了語言檢定，感到非常開心。

如果你正在為了各種語言檢定而煩惱，或是想要快速提升自己的外語能力，那麼「油漆式速記多國語言雲端學習系統」絕對是你不可錯過的好幫手！現在就來體驗「油漆式速記多國語言雲端學習系統」，讓你的學習事半功倍！

8 之 20

8-6-5　撰寫演講推廣的流程大綱

【提問】我想去各學校以演講方式推廣行銷"油漆式速記多國語言雲端學習系統"，請幫我規劃一個 90 分的演講流程的大綱

【回答】

當然可以！以下是我為您規劃的90分演講流程大綱：

1. 開場白（5分）
- 自我介紹
- 簡單介紹「油漆式速記多國語言雲端學習系統」
2. 介紹「油漆式速記法」（10分）
- 介紹「油漆式速記法」的原理
- 說明「油漆式速記法」如何幫助學生快速背單字
3. 介紹「油漆式速記多國語言雲端學習系統」（10分）
- 介紹「油漆式速記多國語言雲端學習系統」的功能
- 說明「油漆式速記多國語言雲端學習系統」如何幫助學生快速背單字
4. 示範如何使用「油漆式速記多國語言雲端學習系統」（20分）
- 示範如何使用「油漆式速記多國語言雲端學習系統」背單字
- 示範如何使用「油漆式速記多國語言雲端學習系統」應對各種語言檢定
5. 分享使用心得（20分）
- 分享使用「油漆式速記多國語言雲端學習系統」的心得
- 分享使用「油漆式速記多國語言雲端學習系統」後的成果
6. Q&A 環節（15分）
- 回答現場觀眾的問題

如果您需要更詳細的內容，請告訴我，我會盡力提供更詳盡的規劃。

8-7　利用 Bing GPT-4 發想行銷企劃案 ⟩

行銷企劃案是企業制定行銷策略和計畫的重要工具。有效的行銷企劃案可以幫助企業在競爭激烈的市場中獲得更大的優勢，提高品牌知名度和銷售量。然而，制定一個成功的行銷企劃案需要對市場和消費者進行深入的分析和了解，這對許多企業來說是一個挑戰。

利用 AI 這一智能創意輔助工具，可以幫助企業快速發想出多樣化的行銷企劃案，從而更好地應對市場變化和客戶需求。本小節將介紹如何利用 Bing GPT-4（或 ChatGPT）發想出多種行銷企劃案，並且推薦其他的行銷方式，讓企業在行銷方面更具創新性和競爭力。

8-7-1　請 Bing Chat 寫三個行銷企劃案

【提問】除了上述的文案撰寫及演講推廣之外，能否給我規劃三個行銷企劃案

【回答】

當然可以！以下是我為您規劃的三個行銷企劃案：

1. 社群媒體行銷（SNS 行銷）

- 在 Facebook、Instagram、Twitter 等社群媒體平台上建立品牌形象，並且透過精美的圖片、影片、文章等內容，吸引潛在客戶的注意力。
- 透過社群媒體平台上的廣告投放，讓更多人看到「油漆式速記多國語言雲端學習系統」的廣告，提高品牌知名度。
- 舉辦線上活動，例如線上講座、線上比賽等，吸引更多人參與。

2. 網路廣告行銷

- 在 Google、Yahoo 等搜尋引擎上投放廣告，讓更多人看到「油漆式速記多國語言雲端學習系統」的廣告。
- 在 YouTube 上投放廣告，讓更多人看到「油漆式速記多國語言雲端學習系統」的介紹影片。
- 在各大新聞網站上投放廣告，提高品牌知名度。

3. 合作行銷

- 與各大語言學校、補習班、教育機構等合作，推出「油漆式速記多國語言雲端學習系統」的課程，讓更多人知道這個系統。
- 與各大出版社合作，推出「油漆式速記多國語言雲端學習系統」的書籍，提高品牌知名度。
- 與各大企業合作，推出「油漆式速記多國語言雲端學習系統」的員工培訓計畫，提高品牌知名度。

以上是我為您規劃的三個行銷企劃案，希望能對您有所幫助！如果您需要更詳細的內容或是有其他問題，請隨時告訴我。

10 之 20 ●

(?)　這些企劃案的預算大概是多少？　如何評估這些企劃案的效果？　有沒有其他的行銷方式？

8-7-2 請 Bing Chat 推薦其他的行銷方式

【提問】直接按下回答框下方的「有沒有其他的行銷方式？」

【回答】

當然可以！以下是我為您提供的其他行銷方式：

4. 口碑行銷

- 邀請使用者分享使用心得，並且在社群媒體平台上分享，提高品牌知名度。
- 舉辦線下活動，例如語言學習交流會、沙龍等，讓更多人了解「油漆式速記多國語言雲端學習系統」。
- 與各大語言學校、補習班、教育機構等合作，推出試用計畫，讓更多人體驗「油漆式速記多國語言雲端學習系統」。

5. 內容行銷

- 在自己的官方網站上發布有關「油漆式速記多國語言雲端學習系統」的文章、影片等內容，提高品牌知名度。
- 在各大論壇、社群媒體平台上發布有關「油漆式速記多國語言雲端學習系統」的文章、影片等內容，提高品牌知名度。
- 舉辦線上講座、線上課程等，提供有關「油漆式速記多國語言雲端學習系統」的相關知識，吸引更多人了解這個系統。

以上是我為您提供的其他行銷方式，希望能對您有所幫助！如果您需要更詳細的內容或是有其他問題，請隨時告訴我。

11 之 20 ●

8-7-3 請 Bing Chat 總結行銷方式的效果

【提問】直接按下回答框下方的「這些行銷方式的效果如何？」

【回答】

每一種行銷方式的效果都不同，以下是我為您整理的效果：

1. 社群媒體行銷（SNS 行銷）

- 可以提高品牌知名度，吸引更多人關注「油漆式速記多國語言雲端學習系統」。
- 可以透過社群媒體平台上的廣告投放，讓更多人看到「油漆式速記多國語言雲端學習系統」的廣告。
- 可以舉辦線上活動，例如線上講座、線上比賽等，吸引更多人參與。

2. 網路廣告行銷

- 可以讓更多人看到「油漆式速記多國語言雲端學習系統」的廣告。
- 可以在各大新聞網站上投放廣告，提高品牌知名度。

3. 合作行銷

- 可以與各大語言學校、補習班、教育機構等合作，推出「油漆式速記多國語言雲端學習系統」的課程，讓更多人知道這個系統。
- 可以與各大出版社合作，推出「油漆式速記多國語言雲端學習系統」的書籍，提高品牌知名度。
- 可以與各大企業合作，推出「油漆式速記多國語言雲端學習系統」的員工培訓計畫，提高品牌知名度。

4. 口碑行銷

- 可以邀請使用者分享使用心得，提高品牌知名度。
- 可以舉辦線下活動，例如語言學習交流會、沙龍等，讓更多人了解「油漆式速記多國語言雲端學習系統」。
- 可以與各大語言學校、補習班、教育機構等合作，推出試用計畫，讓更多人體驗「油漆式速記多國語言雲端學習系統」。

　　從上面的實例可以發現 Bing Chat 確實可以幫助行銷人員快速產生各種文案，如果希望文案的品質更加符合自己的期待，就必須在下達指令時要更加明確，也可以設定回答內容的字數或文案風格，也就是說，能夠精準提供給 Bing Chat 想產生文案屬性的指令，就可以產出更符合我們期待的文案。

　　不過還是要特別強調，ChatGPT（或 Bing Chat）只是個工具，它只是給你靈感及企劃方向或減少文案的撰寫時間，行銷人員還是要加入自己的意見，以確保文案的品質及行銷是否符合產品的特性或想要強調的重點，這些工作還是少不了有勞專業的行銷人員幫忙把關。當行銷人員下達指令後產出的文案成效不佳，這種情況下就要檢討自己是否提問的資訊不夠精確完整，或是要行銷產品的特點不夠了解，只要各位行銷人員也能精進與 ChatGPT 互動的方式，持續訓練 ChatGPT，相信一定可以大幅改善行銷文案產出的品質，讓 ChatGPT 成為文案撰寫及行銷企劃的最佳幫手。

8-8　使用 Bing GPT-4 創造高效的 Threads 內容

　　有一些方法可以使用 Bing GPT-4 創造高效的 Threads 內容。例如，您可以使用 Bing GPT-4 進行資料收集、撰寫適用於不同情境和場合的電子郵件、撰寫文章或摘錄重點、針對特定社群平台創作合適的內容、優化招聘流程以及提升時間管理效率。

8-8-1 使用 Bing GPT-4 產生吸引人的內容

例如我們可以先利用 ChatGPT 收集高雄左營景點及美食的相關推薦。

【提問】請列出高雄左營景點及美食的相關推薦。

【回答】

高雄左營有許多值得一遊的景點和美食。例如，您可以參觀蓮池潭風景區，那裡有著著名的龍虎塔、春秋閣和五里亭[1]。此外，您還可以造訪高雄左營孔子廟，這是全台最大的孔子廟，建築富麗堂皇宏偉壯麗[2]。

至於美食方面，您可以品嚐老左營汾陽餛飩的餛飩湯和麵食、蛋等美食[2]。此外，還有龔家祖傳楊桃湯，這是一家老字號的楊桃湯店，濃郁的楊桃味道，酸酸甜甜的滋味非常生津止渴[2]。

以上是一些高雄左營景點及美食的相關推薦。希望您能在高雄左營度過愉快的一天！

深入了解： 1. yukiblog.tw　2. jatraveling.tw　3. bing.com　4. welcometw.com

3 之 30 ●

8-8-2 使用 Bing GPT-4 優化和測試內容效果

接著再請 Bing GPT-4 針對上述的內容精煉摘要成 500 字以內，適合短文社群平台的吸引人內容的短文。

【提問】請將上述的內容精煉摘要成500字以內適合短文社群平台的吸引人內容的短文。
　　　　包括短文標題及吸引人的關鍵字。

【回答】

高雄左營是一個充滿魅力的地方，擁有許多值得一遊的景點和美食。蓮池潭風景區是一個不容錯過的景點，那裡有著著名的龍虎塔、春秋閣和五里亭。此外，您還可以造訪全台最大的孔子廟--高雄左營孔子廟，建築富麗堂皇宏偉壯麗。

至於美食方面，您可以品嚐老左營汾陽餛飩的餛飩湯和麵食、蛋等美食。此外，還有龔家祖傳楊桃湯，這是一家老字號的楊桃湯店，濃郁的楊桃味道，酸酸甜甜的滋味非常生津止渴。

總之，高雄左營是一個充滿活力和文化氛圍的地方，值得您來一遊。希望您能在高雄左營度過愉快的一天！

4 之 30 ●

A

最夯的行銷相關專業術語

每個行業都有該領域的專業術語，數位行銷業與也不例外，面對一個已經成熟的社群行銷環境，通常不是經常在電子商務領域工作的從業人員，對這些術語可能就沒這麼熟悉了，以下我們特別整理出這個領域中常見的專業術語：

■ **Accelerated Mobile Pages, AMP（加速行動網頁）**：是 Google 的一種新項目，網址前面顯示一個小閃電型符號，設計的主要目的是在追求效率，就是簡化版 HTML，透過刪掉不必要的 CSS 以及 JavaScript 功能來達到速度快的效果，對於圖檔、文字字體、特定格式等限定，網頁如果有製作 AMP 頁面，幾乎不需要等待就能完整瀏覽頁面與加載完成，因此 AMP 也有加強 SEO 作用。

■ **Active User（活躍使用者）**：在 Google Analytics「活躍使用者」報表可以讓分析者追蹤 1 天、7 天、14 天或 28 天內有多少使用者到您的網站拜訪，進而掌握使用者在指定的日期內對您網站或應用程式的熱衷程度。

■ **Ad Exchange（廣告交易平台）**：類似一種股票交易平台的概念運作，讓廣告賣方和買方聯繫在一起，在此進行媒合與競價。

■ **Advertising（廣告主）**：出錢買廣告的一方，例如最常見的電商店家。

■ **Advertorial（業配）**：所謂「業配」是「業務配合」的簡稱，也就是商家付錢請電視台的業務部或是網路紅人對該店家進行採訪，透過電視台的新聞播放或網路紅人的推薦，例如在自身創作影片上以分享產品及商品介紹為主的內容，達成品牌置入性行銷廣告目的，透過影片即可達到觀眾獲取歸屬感，來吸引更多的用戶眼球，並讓觀看者跟著對產品趨之若鶩。

■ **Affiliate Marketing（聯盟行銷）**：在歐美是已經廣泛被運用的廣告行銷模式，是一種讓網友與商家形成聯盟關係的新興數位行銷模式，廠商與聯盟會員利用聯盟行銷平台建立合作夥伴關係，讓沒有產品的推廣者也能輕鬆幫忙銷售商品。

■ **Agency（代理商）**：有些廣告對於廣告投放沒有任何經驗，通常會選擇直接請廣告代理商來幫忙規劃與操作。

■ **App Store**：是蘋果公司針對使用 iOS 作業系統的系列產品，讓用戶可透過手機或上網，購買或免費試用裡面 App。

■ **Apple Pay**：是 Apple 的一種手機信用卡付款方式，只要使用該公司推出的 iPhone 或 Apple Watch（iOS 9 以上）相容的行動裝置，並將自己卡號輸入 iPhone 中的 Wallet App，經過驗證手續完畢後，就可以使用 Apple Pay 來購物，比傳統信用卡來得安全。

■ **Application Service Provider, ASP（應用軟體租賃服務業）**：只要透過網際網路或專線，以租賃的方式向提供軟體服務的供應商承租，定期僅需固定支付租金，即可迅速導入所需之軟體系統，並享有更新升級的服務。

■ Application, App：就是軟體開發商針對智慧型手機及平板電腦所開發的一種應用程式，App 涵蓋的功能包括了圍繞於日常生活的各項需求。

■ Artificial Intelligence, AI（人工智慧）：人工智慧的概念最早是由美國科學家 John McCarthy 於 1955 年提出，目標為使電腦具有類似人類學習解決複雜問題與展現思考等能力，也就是由電腦所模擬或執行，例如推理、規劃、問題解決及學習等能力。

■ Asynchronous JavaScript and XML, AJAX：是一種新式動態網頁技術，結合了 Java 技術、XML 以及 JavaScript 技術，類似 DHTML。可提高網頁開啟的速度、互動性與可用性，並達到令人驚喜的網頁特效。

■ Augmented Reality, AR（擴增實境）：就是一種將虛擬影像與現實空間互動的技術，透過攝影機影像的位置及角度計算，在螢幕上讓真實環境中加入虛擬畫面，強調的不是要取代現實空間，而是在現實空間中添加一個虛擬物件，並且能夠即時產生互動，各位應該看過電影《鋼鐵人》在與敵人戰鬥時，頭盔裡會自動跑出敵人路徑與預估火力，就是一種 AR 技術的應用。

■ Average Order Value, AOV（平均訂單價值）：所有訂單帶來收益的平均金額，AOV 越高越好。

■ Avg. Session Duration（平均工作階段時間長度）：是指所有工作階段的總時間長度（秒）除以工作階段總數所求得的數值。網站訪客平均單次訪問停留時間，這個時間當然是越長越好。

■ Avg. Time on Page（平均網頁停留時間）：是用來顯示訪客在網站特定網頁上的平均停留時間。

■ Backlink（反向連結）：是指從其他網站連到你的網站的連結，如果你的網站擁有優質的反向連結（例如：新聞媒體、學校、大企業、政府網站），代表你的網站越多人推薦，當反向連結的網站越多、就越被搜尋引擎所重視。

■ Bandwidth（頻寬）：是指固定時間內網路所能傳輸的資料量，通常在數位訊號中是以 bps 表示，即每秒可傳輸的位元數（Bits Per Second）。

■ Banner Ad（橫幅廣告）：最常見的收費廣告，自 1994 年推出以來就廣獲採用至今，在所有與品牌推廣有關的網路行銷手段中，橫幅廣告的作用最為直接，主要利用在網頁上的固定位置，至於橫幅廣告活動要能成功，全賴廣告素材的品質。

■ Beacon：是種藉由低功耗藍牙技術（Bluetooth Low Energy, BLE），藉由室內定位技術應用，可做為物聯網和大數據平台的小型串接裝置，具有主動推播行銷應用特性，比 GPS 有更精準的微定位功能，是連結店家與消費者的重要環節，只要手機安裝特定 App，透過

藍牙接收到代碼便可觸發 App 做出對應動作，可以包括在室內導航、行動支付、百貨導覽、人流分析，及物品追蹤等近接感知應用。

- Big Data（**大數據**）：由 IBM 於 2010 年提出，大數據不僅僅是指更多資料而已，主要是指在一定時效（Velocity）內進行大量（Volume）且多元性（Variety）資料的取得、分析、處理、保存等動作。

- Black Hat SEO（**黑帽 SEO**）：是指有些手段較為激進的 SEO 做法，希望透過欺騙或隱瞞搜尋引擎演算法的方式，獲得排名與免費流量，常用的手法包括在建立無效關鍵字的網頁、隱藏關鍵字、關鍵字填充、購買舊網域、不相關垃圾網站建立連結或付費購買連結等。

- Bots Traffic（**機器人流量**）：非人為產生的作假流量，就是機器流量的俗稱。

- Bounce Rate（**跳出率、彈出率**）：是指單頁造訪率，也就是訪客進入網站後在固定時間內（通常是 30 分鐘）只瀏覽了一個網頁就離開網站的次數百分比，這個比例數字越低越好，愈低表示你的內容抓住網友的興趣，跳出率太高多半是網站設計不良所造成。

- Breadcrumb Trail（**麵包屑導覽列**）：也稱為導覽路徑，是一種基本的橫向文字連結組合，透過層級連結來帶領訪客更進一步瀏覽網站的方式，對於提高用戶體驗來說相當有幫助。

- Business to Business, B2B（**企業對企業間**）：指的是企業與企業間或企業內透過網際網路所進行的一切商業活動。例如上下游企業的資訊整合、產品交易、貨物配送、線上交易、庫存管理等。

- Business to Customer, B2C（**企業對消費者間**）：是指企業直接和消費者間的交易行為，一般以網路零售業為主，將傳統由實體店面所銷售的實體商品，改以透過網際網路直接面對消費者進行實體商品或虛擬商品的交易活動，大大提高了交易效率，節省了各類不必要的開支。

- Button Ad（**按鈕式廣告**）：是一種小面積的廣告形式，因為收費較低，較符合無法花費大筆預算的廣告主，例如 Call-to-Action（行動號召）鈕就是一個按鈕式廣告模式，希望召喚消費者去採取某些有助消費的活動。

- Buzz Marketing（**話題行銷**）：或稱蜂鳴行銷和口碑行銷類似，企業或品牌利用最少的方法主動進行宣傳，在討論區引爆話題，造成人與人之間的口耳相傳，如蜜蜂在耳邊嗡嗡作響的 buzz，然後再吸引媒體與消費者熱烈討論。

- Call-to-Action, CTA（**行動號召**）：希望訪客去達到某些目的的行動，就是希望召喚消費者去採取某些有助消費的活動，例如故意將訪客引導至網站策劃的「到達頁面」（Landing Page），會有特別的 CTA，讓訪客參與店家企劃的活動。

- Cascading Style Sheets, CSS：一般稱之為串聯式樣表，其作用主要是為了加強網頁上的排版效果（圖層也是 CSS 的應用之一），可以用來定義 HTML 網頁上物件的大小、顏色、位置與間距，甚至是為文字、圖片加上陰影等等功能。

- Channel Grouping（管道分組）：因為每一個流量的來源特性不一致，而且網路流量的來源可能非常多種管道，為了有效管理及分析各個流量的成效，就有必要將流量根據它的性質來加以分類，這就是所謂的管道分組（Channel Grouping）。

- Churn Rate（流失率）：代表你的網站中一次性消費的顧客，佔所有顧客裡面的比率，這個比率當然是越低越好。

- Click Through Rate, CTR（點閱率）：或稱為點擊率，是指在廣告曝光的期間內有多少人看到廣告後決定按下的人數百分比，也就是指廣告獲得的點擊次數除以曝光次數的點閱百分比，可作為一種衡量網頁熱門程度的指標。

- Click（點擊數）：是指網路用戶使用滑鼠點擊某個廣告的次數，每點選一次即稱為 one click。

- Cloud Computing（雲端運算）：已經被視為下一波電子商務與網路科技結合的重要商機，雲端運算時代來臨將大幅加速電子商務市場發展，「雲端」其實就是泛指「網路」，來表達無窮無際的網路資源，代表了龐大的運算能力。

- Cloud Service（雲端服務）：其實就是「網路運算服務」，如果將這種概念進而衍伸到利用網際網路的力量，透過雲端運算將各種服務無縫式的銜接，讓使用者可以連接與取得由網路上多台遠端主機所提供的不同服務。

- Computer Version, CV（電腦視覺）：是一種研究如何使機器「看」的系統，讓機器具備與人類相同的視覺，以做為產品差異化與大幅提升系統智慧的手段。

- Content Marketing（內容行銷）：是一門與顧客溝通但不做任何銷售的藝術，形式可以包括文章、圖片、影片、網站、型錄、電子郵件等，必須避免直接明示產品或服務，透過消費者感興趣的內容來潛移默化傳遞品牌價值，更容易帶來長期的行銷效益，甚至進一步讓人們主動幫你分享內容，以達到產品行銷的目的。

- Conversion Rate Optimization, CRO（轉換優化）：則是藉由讓網站內容優化來提高轉換率，達到以最低的成本得到最高的投資報酬率。轉換優化是數位行銷當中至關重要的環節，涉及了解使用者如何在您的網站上移動與瀏覽細節，電商品牌透過優化每一個階段的轉換率，讓顧客對瀏覽的體驗過程更加滿意，提升消費者購買的意願，一步步地把訪客轉換為顧客。

- Conversion Rate, CR（轉換率）：網路流量轉換成實際訂單的比率，訂單成交次數除以同個時間範圍內帶來訂單的廣告點擊總數，就是從網路廣告過來的訪問者中最終成交客戶的比率。

- Cookie（餅乾）：小型文字檔，網站經營者可以利用 Cookies 來了解到使用者的造訪記錄，例如造訪次數、瀏覽過的網頁、購買過哪些商品等。

- Cost of Acquiring, CAC（**客戶購置成本**）：所有說服顧客到你的網店購買之前所有投入的花費。

- Cost Per Action, CPA（**回應數收費**）：廣告店家付出的行銷成本是以實際行動效果來計算付費，例如註冊會員、下載 App、填寫問卷等。畢竟廣告對店家而言，最實際的就是廣告期間帶來的訂單數，可以有效降低廣告店家的廣告投放風險。

- Cost Per Click, CPC（**點擊數收費**）：一種按點擊數付費方式，是指搜尋引擎的付費競價排名廣告推廣形式，就是按照點擊次數計費，不管廣告曝光量多少，沒人點擊就不用付錢。例如關鍵字廣告一般採用這種定價模式，不過這種方式比較容易作弊，經常導致廣告店家利益受損。

- Cost Per Impression, CPI（**播放數收費**）：傳統媒體多採用這種計價方式，是以廣告總共播放幾次來收取費用，通常對廣告店家較不利，不過由於手機播放較容易吸引用戶的注意，仍然有些行動廣告是使用這種方式。

- Cost Per Lead, CPL（**每筆名單成本**）：以收集潛在客戶名單的數量來收費，也算是一種 CPC 的變種方式，例如根據聯盟行銷的會員數推廣效果來付費。

- Cost Per Mille, CPM（**廣告千次曝光費用**）：全文應該是 Cost Per Mille Impression，指廣告曝光一千次所要花費的費用，就算沒有產生任何點擊，達千次曝光就會計費，通常多在數百元之間。

- Cost Per Response, CPR（**訪客留言付費**）：根據每位訪客留言回應的數量來付費，這種以訪客的每一個回應計費方式是屬於輔助銷售的廣告模式。

- Cost Per Sales, CPS（**實際銷售筆數付費**）：近年日趨流行的計價方式，按照廣告點擊後產生的實際銷售筆數付費，也就是點擊進入廣告不用收費，算是 CPA 的變種廣告方式，目前相當受到許多電子商務網站歡迎。

- Coverage Rate（**覆蓋率**）：一個用來記錄廣告實際與希望觸及到了多少人的百分比。

- Creative Commons, CC（**創用 CC**）：是源自著名法律學者美國史丹佛大學 Lawrence Lessig 教授於 2001 年在美國成立 Creative Commons 非營利性組織，目的在提供一套簡單、彈性的「保留部分權利」（Some Rights Reserved）著作權授權機制。

- Creator（**創作者**）：包含文字、相片與影片內容的人，例如像 Blogger、YouTuber。

- Cross-Border Ecommerce（**跨境電商**）：是全新的一種國際電子商務貿易型態，也就是消費者和賣家在不同的關境（實施同一海關法規和關稅制度境域）交易主體，透過電子商務平台完成交易、支付結算與國際物流送貨、完成交易的一種國際商業活動，讓消費者滑手機，就能直接購買全世界任何角落的商品。

- Cross-selling（交叉銷售）：當顧客進行消費的時候，發現顧客可能有多種需求時，說服顧客增加花費，而同時售賣出多種相關的服務及產品。

- Crowdfunding（**群眾集資**）：群眾集資就是過群眾的力量來募得資金，使 C2C 模式由生產銷售模式，延伸至資金募集模式，以群眾的力量共築夢想，來支持個人或組織的特定目標。近年來群眾募資在各地掀起浪潮，募資者善用網際網路吸引世界各地的大眾出錢，用小額贊助來尋求贊助各類創作與計畫。

- Customer Relationship Management, CRM（**顧客關係管理**）：由 Brian Spengler 在 1999 年提出，最早開始發展顧客關係管理的國家是美國。CRM 的定義是指企業運用完整的資源，以客戶為中心的目標，讓企業具備更完善的客戶交流能力，透過所有管道與顧客互動，並提供適當的服務給顧客。

- Customer's Lifetime value, CLV（**顧客終身價值**）：是指每一位顧客未來可能為企業帶來的所有利潤預估值，也就是透過購買行為，企業會從一個顧客身上獲得多少營收。

- Customer-to-Busines, C2B（**消費者對企業型電子商務**）：是一種將消費者帶往供應者端，並產生消費行為的電子商務新類型，也就是主導權由廠商手上轉移到了消費者手中。

- Customer-to-Customer, C2C（**客戶對客戶型的電子商務**）：就是個人使用者透過網路供應商所提供的電子商務平台與其他消費者進行直接交易的商業行為，消費者可以利用此網站平台販賣或購買其他消費者的商品。

- Customization（**客製化**）：是廠商依據不同顧客的特性而提供量身訂製的產品與不同的服務，消費者可在任何時間和地點，透過網際網路進入購物網站買到各種式樣的個人化商品。

- Cybersquatter（**網路蟑螂**）：近年來網路出現了出現了一群搶先一步登記知名企業網域名稱的「網路蟑螂」，讓網域名稱爭議與搶註糾紛日益增加，不願妥協的企業公司就無法取回與自己企業相關的網域名稱。

- Data Highlighter（**資料螢光筆**）：是一種 Google 網站管理員工具，讓您以點選方式進行操作，只需透過滑鼠就可以讓資料螢光筆標記網站上的重要資料欄位（如標題、描述、文章、活動等）。

- Data Manage Platform, DMP（**數據管理平台**）：主要應用於廣告領域，是指將分散的大數據進行整理優化，確實拼湊出顧客的樣貌，進而再使用來投放精準的受眾廣告，在數位行銷領域扮演重要的角色。

- Data Mining（**資料探勘**）：則是一種資料分析技術，可視為資料庫中知識發掘的一種工具，可以從一個大型資料庫所儲存的資料中萃取出有價值的知識，廣泛應用於各行各業中，現代商業及科學領域都有許多相關的應用。

- Data Science（**資料科學**）：就是為企業組織解析大數據當中所蘊含的規律，就是研究從大量的結構性與非結構性資料中，透過資料科學分析其行為模式與關鍵影響因素，也就是在模擬決策模型，進而發掘隱藏在大數據資料背後的商機。

- Data Warehouse（**資料倉儲**）：於 1990 年由資料倉儲 Bill Inmon 首次提出，是以分析與查詢為目的所建置的系統，目的是希望整合企業的內部資料，並綜合各種外部資料，經由適當的安排來建立一個資料儲存庫。

- Database Marketing（**資料庫行銷**）：是利用資料庫技術動態的維護顧客名單，並加以尋找出顧客行為模式和潛在需求，也就是回到行銷最基本的核心——分析消費者行為，針對每個不同喜好的客戶給予不同的行銷文宣，以達到企業對目標客戶的需求供應。

- Deep Learning, DL（**深度學習**）：算是 AI 的一個分支，也可以看成是具有層次性的機器學習法，源自於類神經網路（Artificial Neural Network）模型，並且結合了神經網路架構與大量的運算資源，目的在於讓機器建立與模擬人腦進行學習的神經網路，以解釋大數據中圖像、聲音和文字等多元資料。

- Demand Side Platform, DSP（**需求方服務平台**）：可以讓廣告主在平台上操作跨媒體的自動化廣告投放，像是設置廣告的目標受眾、投放的裝置或通路、競價方式、出價金額等等。

- Differentiated Marketing（**差異化行銷**）：現代企業為了提高行銷的附加價值，開始對每個顧客量身打造產品與服務，塑造個人化服務經驗與採用差異化行銷，蒐集並分析顧客的購買產品與習性，並針對不同顧客需求提供產品與服務，為顧客提供量身訂做式的服務。

- Digital Marketing（**數位行銷**）：或稱為網路行銷（Internet Marketing），是一種雙向的溝通模式，能幫助無數電商網站創造訂單和收入，本質其實和傳統行銷一樣，最終目的都是為了影響目標消費者（Target Audience），主要差別在於行銷溝通工具不同，現在則可透過網路通訊的數位性整合，使文字、聲音、影像與圖片結合在一起，讓行銷標的變得更為生動與即時。

- Dimension（**維度**）：Google Analytics 報表中所有的可觀察項目都稱為「維度」，例如訪客的特徵：這位訪客是來自哪一個國家／地區，或是這位訪客是使用哪一種語言。

- Direct Traffic（**直接流量**）：指訪問者直接輸入網址產生的流量，例如透過別人的電子郵件，然後透過信件中的連結到你的網站。

- Directory listing submission, DLS（**網站登錄**）：如果想增加網站曝光率，最簡便的方式可以在知名的入口網站中登錄該網站的基本資料，讓眾多網友可以透過搜尋引擎找到，稱為「網站登錄」。國內知名的入口及搜尋網站，如 PChome、Google、Yahoo! 等，都提供有網站資訊登錄的服務。

- Down-sell（**降價銷售**）：當顧客對於銷售產品或服務都沒有興趣時，唯一一個銷售策略就是降價銷售。

- E-commerce ecosystem（**電子商務生態系統**）：則是指以電子商務為主體結合商業生態系統概念。

- E-Distribution（**電子配銷商**）：是最普遍也最容易了解的網路市集，主要優點是銷售者可以為大量的客戶提供更好的服務，將上千家供應商的產品整合到單一電子型錄上。

- E-Learning（**數位學習**）：是指在網際網路上建立一個方便的學習環境，在線上存取流通的數位教材，進行訓練與學習，讓使用者連上網路就可以學習到所需的知識，且與其他學習者互相溝通，不受空間與時間限制，也是知識經濟時代提升人力資源價值的新利器，可以讓學習者學習更方便、自主化的安排學習課程。

- Electronic Commerce, EC（**電子商務**）：就是一種在網際網路上所進行的交易行為，主要是將供應商、經銷商與零售商結合在一起，透過網際網路提供訂單、貨物及帳務的流動與管理。

- Electronic Funds Transfer, EFT（**電子資金移轉或稱為電子轉帳**）：使用電腦及網路設備，通知或授權金融機構處理資金往來帳戶的移轉或調撥行為。例如在電子商務的模式中，金融機構間之電子資金移轉（EFT）作業就是一種 B2B 模式。

- Electronic Wallet（**電子錢包**）：是一種符合安全電子交易的電腦軟體，就是你在網路上購買東西時，可直接用電子錢包付錢，而不會看到個人資料，將可有效解決網路購物的安全問題。

- Email Direct Marketing（**電子報行銷**）：依舊是企業經營老客戶的主要方式，多半是由使用者訂閱，再經由信件或網頁的方式來呈現行銷訴求。由於電子報費用相對低廉，加上可以追蹤，這種作法將會大大的節省行銷時間及提高成交率。

- Email Marketing（**電子郵件行銷**）：含有商品資訊的廣告內容，以電子郵件的方式寄給不特定的使用者，除擁有成本低廉的優點外，更大的好處其實是能夠發揮「病毒式行銷」（Viral Marketing）的威力，創造互動分享（口碑）的價值。

- E-Market Place（**電子交易市集**）：在全球電子商務發展中所扮演的角色日趨重要，改變了傳統商場的交易模式，透過網路與資訊科技輔助所形成的虛擬市集，本身是一個網路的交易平台，具有能匯集買主與供應商的功能，其實就是一個市場，各種買賣都在這裡進行。

- Engaged Time（**互動時間**）：了解網站內容和瀏覽者的互動關係，最理想的方式是記錄他們實際上在網站互動與閱讀內容的時間。

- Enterprise Information Portal, EIP（企業資訊入口網站）：是指在 Internet 的環境下，將企業內部各種資源與應用系統，整合到企業資訊的單一入口中。EIP 也是未來行動商務的一大利器，以企業內部的員工為對象，只要能夠無線上網，為顧客提供服務時，一旦臨時需要資料，都可以馬上查詢，讓員工幫你聰明地賺錢，還能更多元化的服務員工。

- E-Procurement（電子採購商）：是擁有許多線上供應商的獨立第三方仲介，因為它們會同時包含競爭供應商和競爭電子配銷商的型錄，主要優點是可以透過賣方的競標，達到降低價格的目的，有利於買方來控制價格。

- E-Tailer（線上零售商）：是銷售產品與服務給個別消費者，而賺取銷售的收入，使製造商容易地直接銷售產品給消費者，而除去中間商的部份。

- Exit Page（離開網頁）：離開網頁是指於使用者工作階段中最後一個瀏覽的網頁。是指使用者瀏覽網站的過程中，訪客離開網站的最終網頁的機率。也就是說，離開率是計算網站多個網頁中的每一個網頁是訪客離開這個網站的最後一個網頁的比率。

- Exit Rate（離站率）：訪客在網站上所有的瀏覽過程中，進入某網頁後離開網站的次數，除以所有進入包含此頁面的總次數。

- Expert System, ES（專家系統）：是一種將專家（如醫生、會計師、工程師、證券分析師）的經驗與知識建構於電腦上，以類似專家解決問題的方式，透過電腦推論某一特定問題的建議或解答。例如環境評估系統、醫學診斷系統、地震預測系統等都是大家耳熟能詳的專業系統。

- eXtensible Markup Language, XML（可延伸標記語言）：中文譯為「可延伸標記語言」，可以定義每種商業文件的格式，並且能在不同的應用程式中都能使用，由全球資訊網路標準制定組織 W3C，根據 SGML 衍生發展而來，是一種專門應用於電子化出版平台的標準文件格式。

- External Link（反向連結）：就是從其他網站連到你的網站的連結，如果你的網站擁有優質的反向連結（例如：新聞媒體、學校、大企業、政府網站），代表你的網站越多人推薦，當反向連結的網站越多、就越被搜尋引擎所重視。

- Extranet（商際網路）：是為企業上、下游各相關策略聯盟企業間整合所構成的網路，需要使用防火牆管理，通常 Extranet 是屬於 Intranet 的子網路，可將使用者延伸到公司外部，以便客戶、供應商、經銷商以及其他公司，可以存取企業網路的資源。

- Fashion Fluencer（時尚網紅）：在時尚界具有話語權的知名網紅。

- Featured Snippets（精選摘要）：Google 從 2014 年起，為了提升用戶的搜尋經驗與針對所搜尋問題給予最直接的解答，會從前幾頁的搜尋結果節錄適合的答案，並在 SERP 頁面最顯眼的位置產生出內容區塊（第 0 個位置），通常會以簡單的文字、表格、圖片、影片，

或條列解答方式，內容包括商品、新聞推薦、國際匯率、運動賽事、電影時刻表、產品價格、天氣，與知識問答等，還會在下方帶出店家網站標題與網址。

■ Fifth-Generation（5G）：是行動電話系統第五代，也是 4G 之後的延伸，5G 技術是整合多項無線網路技術而來，包括幾乎所有以前幾代行動通訊的先進功能，對一般用戶而言，最直接的感覺是 5G 比 4G 又更快、更不耗電，預計可實現 10Gbps 以上的傳輸速率。這樣的傳輸速度下可以在短短 6 秒中，下載 15GB 完整長度的高畫質電影。

■ File Transfer Protocol, FTP（檔案傳輸協定）：透過此協定，不同電腦系統，也能在網際網路上相互傳輸檔案。檔案傳輸分為兩種模式：下載（Download）和上傳（Upload）。

■ Filter（過濾）：是指捨棄掉報表上不需要或不重要的數據。

■ Financial Electronic Data Interchange, FEDI（金融電子資料交換）：是一種透過電子資料交換方式進行企業金融服務的作業介面，就是將 EDI 運用在金融領域，可作為電子轉帳的建置及作業環境。

■ Fitfluencer（健身網紅）：經常在針對運動、健身或瘦身、飲食分享許多經驗及小撇步，例如知名的館長。

■ Followers（追蹤訂閱）：增加訂閱人數，主動將網站新資訊傳送給他們，是提高品牌忠誠度與否的一大指標。

■ Foodfluencer（美食網紅）：指在美食、烹調與餐飲領域有影響力的人，通常會分享餐廳、美食、品酒評論等。

■ Fourth-Generation（4G）：行動電話系統的第四代，是 3G 之後的延伸，為新一代行動上網技術的泛稱，傳輸速度理論值約比 3.5G 快 10 倍以上，能夠達成更多樣化與私人化的網路應用。

■ Fragmentation Era（碎片化時代）：代表現代人的生活被很多碎片化的內容所切割，因此想要抓住受眾的眼球越來越難，同樣的品牌接觸消費者的地點也越來越不固定，接觸消費者的時間越來越短暫，碎片時間搖身一變成為贏得消費者的黃金時間。

■ Fraud（作弊）：特別是指流量作弊。

■ Gamification Marketing（遊戲化行銷）：是指將遊戲中有好玩的元素與機制，透過行銷活動讓受眾「玩遊戲」，同時深化參與感，將你的目標客戶緊緊黏住，因此成了各個品牌不斷探索的新行銷模式。

■ Global Positioning System, GPS（全球定位系統）：是透過衛星與地面接收器，達到傳遞方位訊息、計算路程、語音導航與電子地圖等功能，目前有許多汽車與手機都安裝有 GPS 定位器作為定位與路況查詢之用。

- **Google AdWords（關鍵字廣告）**：是一種 Google 推出的關鍵字行銷廣告，包辦所有 Google 的廣告投放服務，例如您可以根據目標決定出價策略，選擇正確的廣告出價類型，例如是否要著重在獲得點擊、曝光或轉換。Google Adwords 的運作模式就好像世界級拍賣會，瞄準你想要購買的關鍵字，出一個你覺得適合的價格，如果你的價格比別人高，你就有機會取得該關鍵字，並在該關鍵字曝光你的廣告。

- **Google Analytics Tracking Code（Google Analytics 追蹤碼）**：這組追蹤碼會追蹤到訪客在每一頁上所進行的行為，並將資料送到 Google Analytics 資料庫，再透過各種演算法的運算與整理，將這些資料儲存起來，並在 Google Analytics 以各種類型的報表呈現。

- **Google Analytics, GA**：Google 所提供的 Google Analytics（GA）就是一套免費且功能強大的跨平台網路行銷流量分析工具，能提供最新的數據分析資料，包括網站流量、訪客來源、行銷活動成效、頁面拜訪次數、訪客回訪等，幫助客戶有效追蹤網站數據和訪客行為，稱得上是全方位監控網站與 App 完整功能的必備網站分析工具。

- **Google Data Studio**：是一套免費的資料視覺化製作報表的工具，它可以串接多種 Google 的資料，再將所取得的資料結合該工具的多樣圖表、版面配置、樣式設定…等功能，讓報表以更為精美的外觀呈現。

- **Google Hummingbird（蜂鳥演算法）**：蜂鳥演算法與以前的熊貓演算法和企鵝演算法演算模式不同，主要是加入了自然語言處理（Natural Language Processing, NLP）的方式，讓 Google 使用者的查詢，與搜尋結果更精準且快速，還能打擊過度關鍵字填充，為大幅改善 Google 資料庫的準確性，針對用戶的搜尋意圖進行更精準的理解，去判讀使用者的意圖，期望是給用戶快速精確的答案，而不再只是一大堆的相關資料。

- **Google Panda（熊貓演算法）**：主要是一種確認優良內容品質的演算法，負責從搜索結果中刪除內容整體品質較差的網站，目的是減少內容農場或劣質網站的存在，例如有複製、抄襲、重複或內容不良的網站，特別是避免用目標關鍵字填充頁面或使用不正常的關鍵字用語，這些將會是熊貓演算法首要打擊的對象，只要是原創品質好又經常更新內容的網站，一定會獲得 Google 的青睞。

- **Google Penguin（企鵝演算法）**：我們知道連結是 Google SEO 的重要因素之一，企鵝演算法主要是為了避免垃圾連結與垃圾郵件的不當操縱，並確認優良連結品質的演算法，Google 希望網站的管理者應以產生優質的外部連結為目的，垃圾郵件或是操縱任何鏈接都不會帶給網站額外的價值，不要只是為了提高網站流量、排名，刻意製造相關性不高或虛假低品質的外部連結。

- **Google Play**：Google 也推出針對 Android 系統所提供的一個線上應用程式服務平台──Google Play，透過 Google Play 網頁可以尋找、購買、瀏覽、下載及評比使用手機免

費或付費的 App 和遊戲，Google Play 為一開放性平台，任何人都可上傳其所開發的應用程式。

- **Graphics Processing Unit, GPU（圖形處理器）**：可說是近年來科學計算領域的最大變革，是指以圖形處理單元（GPU）搭配 CPU，GPU 則含有數千個小型且更高效率的 CPU，不但能有效處理平行運算（Parallel Computing），還可以大幅增加運算效能。

- **Gray Hat SEO（灰帽 SEO）**：是一種介於黑帽 SEO 跟白帽 SEO 的優化模式，簡單來說，就是會有一點投機取巧，卻又不會嚴重的犯規，用險招讓網站承擔較小風險，遊走於規則的「灰色地帶」，因為這樣可以利用某些技巧來提升網站排名，同時又不會被搜尋引擎懲罰到，例如一些連結建置、交換連結、適當反覆使用關鍵字（盡量不違反 Google 原則），及改寫別人文章，不過仍保有一定可讀性，也是目前很多 SEO 團隊比較偏好的優化方式。

- **Growth Hacking（成長駭客）**：主要任務就是跨領域結合行銷與技術背景，直接透過「科技工具」和「數據」的力量，短時間內快速成長與達成各種增長目標，所以更接近「行銷 + 程式設計」的綜合體。成長駭客和傳統行銷相比，更注重密集的實驗操作和資料分析，目的是創造真正流量，達成增加公司產品銷售與顧客的營利績效。

- **Guy Kawasaki（蓋伊 • 川崎）**：社群媒體的網紅先驅者，經常會分享重要的社群行銷觀念。

- **Hadoop**：源自 Apache 軟體基金會（Apache Software Foundation）底下的開放原始碼計畫（Open source project），為了因應雲端運算與大數據發展所開發出來的技術，使用 Java 撰寫並免費開放原始碼，用來儲存、處理、分析大數據的技術，兼具低成本、靈活擴展性、程式部署快速和容錯能力等特點。

- **Hashtag（主題標籤）**：只要在字句前加上 #，便形成一個標籤，用以搜尋主題，是目前社群網路上相當流行的行銷工具，已經成為品牌行銷重要一環，可以利用時下熱門的關鍵字，並以 hashtag 方式提高曝光率。

- **Heat Map（熱度圖、熱感地圖）**：在一個圖上標記哪項廣告經常被點選，是獲得更多關注的部分，可了解使用者有興趣的瀏覽區塊。

- **High Performance Computing, HPC（高效能運算）**：透過應用程式平行化機制，就是在短時間內完成複雜、大量運算工作，專門用來解決耗用大量運算資源的問題。

- **Horizontal Market（水平式電子交易市集）**：水平式電子交易市集的產品是跨產業領域，可以滿足不同產業的客戶需求。此類交易商品，都是一些具標準化流程與服務性商品，同時也比較不需要個別產業專業知識的銷售與服務，可以經由電子交易市集進行統一採購，讓所有企業對非專業的共同業務進行採買或交易。

- Host Card Emulation, HCE（主機卡模擬）：Google 於 2013 年底所推出的行動支付方案，可以透過 App 或是雲端服務來模擬 SIM 卡的安全元件。HCE 的加入已經悄悄點燃了行動支付大戰，僅需 Android 5.0（含）版本以上且內建 NFC 功能的手機，申請完成後卡片資訊（信用卡卡號）將會儲存於雲端支付平台，交易時由手機發出一組虛擬卡號與加密金鑰來驗證，驗證通過後才能完成感應交易，能避免刷卡時卡片資料外洩的風險。

- Hotspot（熱點）：是指在公共場所提供無線區域網路（WLAN）服務的連結地點，讓大眾可以使用筆記型電腦或 PDA，透過熱點的「無線網路橋接器」（AP）連結上網際網路，無線上網的熱點愈多，無線上網的涵蓋區域便愈廣。

- Hunger Marketing（飢餓行銷）：是以「賣完為止、僅限預購」來創造行銷話題，製造產品一上市就買不到的現象，促進消費者購買該產品的動力，讓消費者覺得數量有限而不買可惜。

- Hypertext Markup Language, HTML：標記語言是一種純文字型態的檔案，以一種標記的方式來告知瀏覽器，將以何種方式來將文字、圖像等多媒體資料呈現於網頁之中。通常要撰寫網頁的 HTML 語法時，只要使用 Windows 預設的記事本就可以了。

- Impression, IMP（曝光數）：經由廣告到網友所瀏覽的網頁上一次，即為曝光數一次。

- Influencer Marketing（網紅行銷）：虛擬社交圈更快速取代傳統銷售模式，網紅的推薦甚至可以讓廠商業績翻倍，素人網紅似乎在目前的社群平台比明星代言人更具行銷力。

- Influencer（影響者 / 網紅）：在網路上某個領域具有影響力的人。

- Intellectual Property Rights, IPR（智慧財產權）：劃分為著作權、專利權、商標權等三個範疇進行保護規範，這三種領域保護的智慧財產權並不相同，在制度的設計上也有所差異，例如發明專利、文學和藝術作品、表演、錄音、廣播、標誌、圖像、產業模式、商業設計等等。

- Internal Link（內部連結）：是指一個網站內部不同網頁或內容之間的超連結，它們用於將網站的不同部分相互連接起來。這些連結通常是文字或圖片。

- Internet Bank（網路銀行）：係指客戶透過網際網路與銀行電腦連線，無須受限於銀行營業時間、營業地點之限制，隨時隨地從事資金調度與理財規劃，並可充分享有隱密性與便利性，即可直接取得銀行所提供之各項金融服務，現代家庭中有許多五花八門的帳單，都可以透過電腦來進行網路轉帳與付費。

- Internet Content Provider, ICP（線上內容提供者）：是向消費者提供網際網路資訊服務和增值業務，主要提供有智慧財產權的數位內容產品與娛樂，包括期刊、雜誌、新聞、CD、影帶、線上遊戲等。

- Internet Marketing（**網路行銷**）：藉由行銷人員將創意、商品及服務等構想，利用通訊科技、廣告促銷、公關及活動方式在網路上執行。

- Internet of Things, IOT（**物聯網**）：是近年資訊產業中一個非常熱門的議題，被認為是網際網路興起後足以改變世界的第三次資訊新浪潮，它的特性是將各種具裝置感測設備的物品，例如 RFID、環境感測器、全球定位系統（GPS）雷射掃描器等裝置與網際網路結合起來而形成的一個巨大網路系統，並透過網路技術讓各種實體物件、自動化裝置彼此溝通和交換資訊，也就是透過網路把所有東西都連結在一起。

- Internet（**網際網路**）：最簡單的說法就是一種連接各種電腦網路的網路，以 TCP/IP 為它的網路標準，也就是說只要透過 TCP/IP 協定，就能享受 Internet 上所有一致性的服務。網際網路上並沒有中央管理單位的存在，而是數不清的個人網路或組織網路，這網路聚合體中的每一成員自行營運與負擔費用。

- Intranet（**企業內部網路**）：則是指企業體內的 Internet，將 Internet 的產品與觀念應用到企業組織，透過 TCP/IP 協定來串連企業內外部的網路，以 Web 瀏覽器作為統一的使用者介面，更以 Web 伺服器來提供統一服務窗口。

- JavaScript：是一種直譯式（Interpret）的描述語言，是在客戶端（瀏覽器）解譯程式碼，內嵌在 HTML 語法中，當瀏覽器解析 HTML 文件時就會直譯 JavaScript 語法並執行，JavaScript 不只能讓我們隨心所欲控制網頁的介面，也能夠與其他技術搭配做更多的應用。

- jQuery：是一套開放原始碼的 JavaScript 函式庫（Library），可以說是目前最受歡迎的 JS 函式庫，不但簡化了 HTML 與 JavaScript 之間與 DOM 文件的操作，讓我們輕鬆選取物件，並以簡潔的程式完成想做的事情，也可以透過 jQuery 指定 CSS 屬性值，達到想要的特效與動畫效果。

- Key Opinion Leader, KOL（**關鍵意見領袖**）：能夠在特定專業領域對其粉絲或追隨者有發言權及強大影響力的人，也就是我們常說的網紅。

- Keyword Advertisements（**關鍵字廣告**）：是許多商家網路行銷的入門選擇之一，它的功用可以讓店家的行銷資訊在搜尋關鍵字時，會將店家所設定的廣告內容曝光在搜尋結果最顯著的位置，讓各位以最簡單直接的方式，接觸到搜尋該關鍵字的網友所而產生的商機。

- Keyword（**關鍵字**）：就是與各位網站內容相關的重要名詞或片語，也就是在搜尋引擎上所搜尋的一組字，例如企業名稱、網址、商品名稱、專門技術、活動名稱等。

- Landing Page（**到達頁**）：是指使用者拜訪網站的第一個網頁，這一個網頁不一定是該網站的首頁，只要是網站內所有的網頁都可能是到達網頁。到達頁和首頁最大的不同，就是到達頁只有一個頁面就要完成讓訪客馬上吸睛的任務，通常這個頁面是以誘人的文案請求訪客完成購買或登記。

- Law of Diminishing Firms（公司遞減定律）：由於摩爾定律及梅特卡菲定律的影響之下，專業分工、外包、策略聯盟、虛擬組織將比傳統業界來的更經濟及更有績效，形成一價值網路（Value Network），而使得公司的規模有遞減的現象。

- Law of Disruption（擾亂定律）：結合了「摩爾定律」與「梅特卡夫定律」的第二級效應，主要是指出社會、商業體制與架構以漸進的方式演進，但是科技卻以幾何級數發展，速度遠遠落後於科技變化速度，當這兩者之間的鴻溝愈來愈擴大，使原來的科技、商業、社會、法律間的平衡被擾亂，因此產生了所謂的失衡現象，就愈可能產生革命性的創新與改變。

- LINE Pay：主要以網路店家為主，支付的通路相當多元化，越來越多商家加入 LINE 購物平台，可讓您透過信用卡或現金儲值，信用卡只需註冊一次，同時支援線上與實體付款，而且 LINE Pay 累積點數非常快速，且許多通路都可以使用點數折抵。

- Location Based Service, LBS（定址服務）：或稱為「適地性服務」，就是行動行銷中相當成功的環境感知的創新應用，就是指透過行動隨身設備的各式感知裝置，例如當消費者在到達某個商業區時，可以利用手機快速查詢所在位置周邊的商店、場所以及活動等即時資訊。

- Logistics（物流）：是電子商務模型的基本要素，定義是指產品從生產者移轉到經銷商、消費者的整個流通過程，透過有效管理程序，並結合包括倉儲、裝卸、包裝、運輸等相關活動。

- Long Tail Keyword（長尾關鍵字）：是網頁上相對不熱門，不過也可以帶來搜索流量，但接近主要關鍵字的關鍵字詞。

- Long Term Evolution, LTE（長期演進技術）：是以現有的 GSM／UMTS 的無線通信技術為主來發展，不但能與 GSM 服務供應商的網路相容，用戶在靜止狀態的傳輸速率達 1 Gbps，而在行動狀態也可以達到最快的理論傳輸速度 170Mbps 以上，是全球電信業者發展 4G 的標準。例如各位傳輸 1 個 95M 的影片檔，只要 3 秒鐘就完成。

- Machine Learning, ML（機器學習）：機器通過演算法來分析數據、在大數據中找到規則，機器學習是大數據發展的下一個進程，可以發掘多資料元變動因素之間的關聯性，進而自動學習並且做出預測，充分利用大數據和演算法來訓練機器。

- Market Segmentation（市場區隔）：是指任何企業都無法滿足所有市場的需求，應該著手建立產品的差異化，行銷人員根據市場的觀察進行判斷，在經過分析市場的機會後，接著便在該市場中選擇最有利可圖的區隔市場，並且集中企業資源與火力，強攻下該市場區隔的目標市場。

- Marketing Mix（行銷組合）：可以看成是一種協助企業建立各市場系統化架構的元素，藉著這些元素來影響市場上的顧客動向。美國行銷學學者 Jerome McCarthy 在 20 世紀的 60

年代提出了著名的 4P 行銷組合，所謂行銷組合的 4P 理論是指行銷活動的四大單元，包括產品（Product）、價格（Price）、通路（Place）與促銷（Promotion）等四項。

■ **Merchandise Turnover Rate（商品迴轉率）**：指商品從入庫到售出時所經過的這一段時間和效率，也就是指固定金額的庫存商品在一定的時間內週轉的次數和天數，可以作為零售業的銷售效率或商品生產力的指標。

■ **Metcalfe's Law（梅特卡夫定律）**：是一種網路技術發展規律，也就是使用者越多，其價值便大幅增加，對原來的使用者而言，反而產生的效用會越大。

■ **Metrics（指標）**：觀察項目量化後的數據被稱為「指標（Metrics）」，也就是進一步觀察該訪客的相關細節，這是資料的量化評估方式。舉例來說，「語言」維度可連結「使用者」等指標，在報表中就可以觀察到特定語言所有使用者人數的總計值或比率。

■ **Micro Film（微電影）**：又稱為「微型電影」，它是在一個較短時間且較低預算內，把故事情節或角色／場景，以視訊方式傳達其理念或品牌，適合在短暫的休閒時刻或移動的情況下觀賞。

■ **Mixed Reality（混合實境）**：介於 AR 與 VR 之間的綜合模式，打破真實與虛擬的界線，同時擷取 VR 與 AR 的優點，透過頭戴式顯示器將現實與虛擬世界的各種物件進行更多的結合與互動，產生全新的視覺化環境，並且能夠提供比 AR 更為具體的真實感，未來很有可能會是視覺應用相關技術的主流。

■ **Mobile Advertising（行動廣告）**：就是在行動平台上做的廣告，與一般傳統與網路廣告的方式並不相同，擁有隨時隨地互動的特性與一般傳統廣告的方式並不相同。

■ **Mobile Commerce, m-Commerce（行動商務）**：電商發展最新趨勢，不但促進了許多另類商機的興起，更有可能改變現有的產業結構。自從 2015 年開始，現代人人手一機，人們的視線已經逐漸從電視螢幕轉移到智慧型手機上，從網路優先（Web First）向行動優先（Mobile First）靠攏的數位浪潮上，而且這股行銷趨勢越來越明顯。

■ **Mobile Marketing（行動行銷）**：主要是指伴隨著手機和其他以無線通訊技術為基礎的行動終端的發展而逐漸成長起來的一種全新的行銷方式，不僅突破了傳統定點式網路行銷受到空間與時間的侷限，也就是透過行動通訊網路來進行的商業交易行為。

■ **Mobile Payment（行動支付）**：就是指消費者通過手持式行動裝置對所消費的商品或服務進行帳務支付的一種方式，很多人以為行動支付就是用手機付款，其實手機只是一個媒介，平板電腦、智慧手錶，只要可以連網都可以拿來做為行動支付。

■ **Mobile-Friendliness（行動友善度）**：就是讓行動裝置操作環境能夠盡可能簡單化與提供使用者最佳化行動瀏覽體驗，包括閱讀時的舒適程度，介面排版簡潔、流暢的行動體驗、點選處是否有足夠空間、字體大小、橫向滾動需求、外掛程式是否相容等等。

- **Moore's Law（摩爾定律）**：表示電子計算相關設備不斷向前快速發展的定律，主要是指一個尺寸相同的 IC 晶片上，所容納的電晶體數量，因為製程技術的不斷提升與進步，每隔約十八個月會加倍，執行運算的速度也會加倍，但製造成本卻不會改變。

- **Multi-Channel（多通路）**：是指企業採用兩條或以上完整的零售通路進行銷售活動，每條通路都能完成銷售的所有功能，例如同時採用直接銷售、電話購物或在 PChome 商店街上開店，也擁有自己的品牌官方網站，就是每條通路都能完成買賣的功能。

- **Native Advertising（原生廣告）**：一種讓大眾自然而然閱讀下去，不容易發現自己在閱讀廣告的廣告形式，讓訪客瀏覽體驗時的干擾降到最低，不僅傳達產品廣告訊息，也提升使用者的接受度。

- **Natural Language Processing, NLP（自然語言處理）**：就是讓電腦擁有理解人類語言的能力，也就是一種藉由大量的文本資料搭配音訊數據，並透過複雜的數學聲學模型（Acoustic Model）及演算法來讓機器去認知、理解、分類並運用人類日常語言的技術。

- **Nav Tag（nav 標籤）**：能夠設置網站內的導航區塊，可以用來連結到網站其他頁面，或者連結到網站外的網頁，例如主選單、頁尾選單等，能讓搜尋引擎把這個標籤內的連結視為重要連結。

- **Near Field Communication, NFC（近場通訊）**：是由 PHILIPS、NOKIA 與 SONY 共同研發的一種短距離非接觸式通訊技術，可在您的手機與其他 NFC 裝置之間傳輸資訊，例如手機、NFC 標籤或支付裝置，因此逐漸成為行動交易、行銷接收工具的最佳解決方案。

- **Network Economy（網路經濟）**：是一種分散式的經濟，帶來了與傳統經濟方式完全不同的改變，最重要的優點就是可以去除傳統中間化，降低市場交易成本，整個經濟體系的市場結構也出現了劇烈變化，這種現象讓自由市場更有效率地靈活運作。

- **Network Effect（網路效應）**：對於網路經濟所帶來的效應而言，有一個很大的特性就是產品的價值取決於其總使用人數，透過網路無遠弗屆的特性，一旦使用者數目跨過門檻，也就是越多人有這個產品，那麼它的價值自然越高，登時展開噴出行情。

- **New Visit（新造訪）**：沒有任何造訪記錄的訪客，數字愈高表示廣告成功地吸引了全新的消費訪客。

- **Nofollow Tag（nofollow 標籤）**：由於連結是影響搜尋排名的其中一項重要指標，nofollow 標籤就是用於向搜尋引擎表示目前所處網站與特定網站之間沒有關連，這個標籤是在告訴搜尋引擎，不要前往這個連結指向的頁面，也不要將這個連結列入權重。

- **Offline to Online（反向 O2O）**：從實體通路連回線上，消費者可透過在線下實際體驗後，透過 QR code 或是行動終端連結等方式，引導消費者到線上消費，並且在線上平台完成購買並支付。

- Offlinemobile Online（OMO 或 O2M）：更強調的是行動端，打造線上 - 行動 - 線下三位一體的全通路模式，形成實體店家、網路商城、與行動終端深入整合行銷，並在線下完成體驗與消費的新型交易模式。

- Omni-Channel（全通路）：全通路是利用各種通路為顧客提供交易平台，以消費者為中心的 24 小時營運模式，並且消除各個通路間的壁壘，以前所未見的速度與範圍連結至所有消費者，包括在實體和數位商店之間的無縫轉換，去真正滿足消費者的需要，提供了更客製化的行銷服務，不管是透過線上或線下都能達到最佳的消費體驗。

- Online Analytical Processing, OLAP（線上分析處理）：可被視為是多維度資料分析工具的集合，使用者在線上即能完成的關聯性或多維度的資料庫（例如資料倉儲）的資料分析作業並能即時快速地提供整合性決策。

- Online and Offline, ONO：就是將線上網路商店與線下實體店面能夠高度結合的共同經營模式，從而實現線上線下資源互通，雙邊的顧客也能彼此引導與消費的局面。

- Online Broker（線上仲介商）：主要的工作是代表其客戶搜尋適當的交易對象，並協助其完成交易，藉以收取仲介費用，本身並不會提供商品，包括證券網路下單、線上購票等。

- Online Community Provider, OCP（線上社群提供者）：是聚集相同興趣的消費者形成一個虛擬社群來分享資訊、知識、甚或販賣相同產品。多數線上社群提供者會提供多種讓使用者互動的方式，可以為聊天、寄信、影音、互傳檔案等。

- Online Interacts with Offline, OIO：就是線上線下互動經營模式，近年電商業者陸續建立實體據點與體驗中心，即除了電商提供網購服務之外，並協助實體零售業者在既定的通路基礎上，可以給予消費者與商品面對面接觸，並且為消費者提供交貨或者送貨服務，彌補了電商平台經營服務的不足。

- Online Service Offline, OSO：並不是線上與線下的簡單組合，而是結合 O2O 模式與 B2C 的行動電商模式，把用戶服務納入進來的新型電商運營模式即線上商城 + 直接服務 + 線下體驗。

- Online to Offline, O2O：就是整合「線上（Online）」與「線下（Offline）」兩種不同平台所進行的一種行銷模式，也就是將網路上的購買或行銷活動帶到實體店面的模式。

- On-Line Transaction Processing, OLTP（線上交易處理）：是指經由網路與資料庫的結合，以線上交易的方式處理一般即時性的作業資料。

- Organic Traffic（自然流量）：指訪問者透過搜尋引擎，由搜尋結果進去你的網站的流量，通常品質是較好。

- Page View, PV（頁面瀏覽次數）：是指在瀏覽器中載入某個網頁的次數，如果使用者在進入網頁後按下重新載入按鈕，就算是另一次網頁瀏覽。簡單來說就是瀏覽的總網頁數。數字越高越好，表示你的內容被閱讀的次數越多。

- Paid Search（付費搜尋流量）：這類管道和自然搜尋有一點不同，它不像自然搜尋是免費的，反而必須付費的，例如 Google、Yahoo 關鍵字廣告（如 Google Ads 等關鍵字廣告），讓網站能夠在特定搜尋中置入於搜尋結果頁面，簡單的説，它是透過搜尋引擎上的付費廣告的點擊進入到你的網站。

- Parallel Processing（平行處理）：這種技術是同時使用多個處理器來執行單一程式，借以縮短運算時間。其過程會將資料以各種方式交給每一顆處理器，為了實現在多核心處理器上程式性能的提升，還必須將應用程式分成多個執行緒來執行。

- Pay Per Click, PPC（點擊數收費）：就是一種按點擊數付費方式，是指搜尋引擎的付費競價排名廣告推廣形式，就是按照點擊次數計費，不管廣告曝光量多少，沒人點擊就不用付錢，多數新手都會使用單次點擊出價。

- Pay Per Mille, PPM（廣告千次曝光費用）：這種收費方式是以曝光量計費，也就是廣告曝光一千次所要花費的費用，就算沒有產生任何點擊，只要千次曝光就會計費，這種方式對商家的風險較大，不過最適合加深大眾印象，需要打響商家名稱的廣告客戶，並且可將廣告投放於有興趣客戶。

- PayPal：是全球最大的線上金流系統與跨國線上交易平台，適用於全球 203 個國家，屬於 ebay 旗下的子公司，可以讓全世界的買家與賣家自由選擇購物款項的支付方式。

- Pop-Up Ads（彈出式廣告）：當網友點選連結進入網頁時，會彈跳出另一個子視窗來播放廣告訊息，強迫使用者接受，並連結到廣告主網站。

- Portal（入口網站）：是進入 WWW 的首站或中心點，它讓所有類型的資訊能被所有使用者存取，提供各種豐富個別化的服務與導覽連結功能。當各位連上入口網站的首頁，可以藉由分類選項來達到各位要瀏覽的網站，同時也提供許多的服務，諸如：搜尋引擎、免費信箱、拍賣、新聞、討論等，例如 Yahoo、Google、蕃薯藤、新浪網等。

- Porter Five Forces Analysis（五力分析模型）：全球知名的策略大師 Michael E. Porter 於 80 年代提出以五力分析模型作為競爭策略的架構，他認為有 5 種力量促成產業競爭，每一個競爭力都是對稱關係，透過這五方面力的分析，可以測知該產業的競爭強度與獲利潛力，並且有效的分析出客戶的現有競爭環境。五力分別是供應商的議價能力、買家的議價能力、潛在競爭者進入的能力、替代品的威脅能力、現有競爭者的競爭能力。

- Positioning（市場定位）：是檢視公司商品能提供之價值，向目標市場的潛在顧客介紹商品的價值。品牌定位是 STP 的最後一個步驟，也就是針對作好的市場區隔及目標選擇，為企業立下一個明確不可動搖的層次與品牌印象。

- Pre-roll（插播廣告）：影片播放之前的插播廣告。

- Private Cloud（私有雲）：是將雲基礎設施與軟硬體資源建立在防火牆內，以供機構或企業共享數據中心內的資源。

- **Public Cloud（公用雲）**：是透過網路及第三方服務供應者，提供一般公眾或大型產業集體使用的雲端基礎設施，通常公用雲價格較低廉。

- **Publisher（出版商）**：平台上的個體，廣告賣方，例如媒體網站 Blogger 的管理者，以提供網站固定版位給予廣告主曝光。例如 Facebook 發展至今，已經成為網路出版商（Online Publishers）的重要平台。

- **Quick Response Code, QR Code**：是在 1994 年由日本 Denso-Wave 公司發明，利用線條與方塊組成，除了文字之外，還可以儲存圖片、記號等相關資訊。QR Code 連結行銷相關的應用相當廣泛，可針對不同屬性活動搭配不同的連結內容。

- **Radio Frequency IDentification, RFID（無線射頻辨識技術）**：是一種自動無線識別數據獲取技術，可以利用射頻訊號以無線方式傳送及接收數據資料，例如在所出售的衣物貼上晶片標籤，透過 RFID 的辨識，可以進行衣服的管理，例如全球最大的連鎖通路商 Wal-Mart 要求上游供應商在貨品的包裝上裝置 RFID 標籤，以便隨時追蹤貨品在供應鏈上的即時資訊。

- **Reach（觸及）**：一定期間內用來記錄廣告至少一次觸及到了多少人的總數。

- **Real-time Bidding, RTB（即時競標）**：為近來新興的目標式廣告模式，相當適合強烈網路廣告需求的電商業者，由程式瞬間競標拍賣方式，廣告購買方對某一個曝光出價，價高者得標，贏家的廣告會馬上出現在媒體廣告版位，可以提升廣告主的廣告投放效益。至於無得標（Zero Win Rate）則是在即時競價（RTB）中，沒有任何特定廣告買主得標的狀況。

- **Referral Traffic（推薦流量）**：其他網站上有你的網站連結，訪客透過點擊連結，進去你的網站的流量。

- **Referral（參照連結網址）**：Google Analytics 會自動識別是透過第三方網站上的連結而連上你的網站，這類流量來源則會被認定為參照連結網址，也就是從其他網站到我們網站的流量。

- **Relationship Marketing（關係行銷）**：是以一種建構在「彼此有利」為基礎的觀念，強調銷售是關係的開始，而非交易的結束，發展出了解顧客需求，而進行顧客服務，以建立並維持與個別顧客的關係，謀求雙方互惠的利益。

- **Repeat Visitor（重複訪客）**：訪客至少有一次或以上造訪記錄。

- **Responsive Web Design, RWD**：已成了新一代的電商網站設計趨勢，因為 RWD 被公認為是能夠對行動裝置用戶提供最佳的視覺體驗，原理是使用 CSS3 以百分比的方式來進行網頁畫面的設計，在不同解析度下能自動改變網頁頁面的佈局排版，讓不同裝置都能以最適合閱讀的網頁格式瀏覽同一網站，不用一直忙著縮小放大拖曳，給使用者最佳瀏覽畫面。

■ Retention time（停留時間）：是指瀏覽者或消費者在網站停留的時間。

■ Return of Investment, ROI（投資報酬率）：指通過投資一項行銷活動所得到的經濟回報，以百分比表示，計算方式為淨收入（訂單收益總額－投資成本）除以「投資成本」。

■ Return on Ad Spend, ROAS（廣告收益比）：計算透過廣告所有花費所帶來的收入比率。

■ Revenue-per-mille, RPM（每千次觀看收益）：代表每 1,000 次影片觀看次數，你所賺取的收益金額，RPM 就是為 YouTuber 量身訂做的制度，RPM 是根據多種收益來源計算而得，也就是 YouTuber 所有項目的總瀏覽量，包括廣告分潤、頻道會員、Premium 收益、超級留言和貼圖等等，主要就是概算出你每千次展示的可能收入，有助於你了解整體營利成效。

■ Revolving-door Effect（旋轉門效應）：許多企業往往希望不斷的拓展市場，經常把焦點放在吸收新顧客上，卻忽略了手邊原有的舊客戶，如此一來，也就是費盡心思地將新顧客拉進來時，被忽略的舊用戶又從後門悄悄的溜走了。

■ Search Engine Marketing, SEM（搜尋引擎行銷）：指的是與搜尋引擎相關的各種直接或間接行銷行為，由於傳播力量強大，吸引了許許多多網路行銷人員與店家努力經營。廣義來說，也就是利用搜尋引擎進行數位行銷的各種方法，包括增進網站的排名、購買付費的排序來增加產品的曝光機會、網站的點閱率與進行品牌的維護。

■ Search Engine Optimization, SEO（搜尋引擎最佳化）：也稱作搜尋引擎優化，是近年來相當熱門的網路行銷方式，就是一種讓網站在搜尋引擎中取得 SERP 排名優先方式，終極目標就是要讓網站的 SERP 排名能夠到達第一。

■ Search Engine Results Page, SERP（搜尋結果頁面）：是使用關鍵字，經搜尋引擎根據內部網頁資料庫查詢後，所呈現給使用者的自然搜尋結果的清單頁面，SERP 的排名是越前面越好。

■ Secure Electronic Transaction, SET（安全電子交易機制）：由信用卡國際大廠 VISA 及 MasterCard，在 1996 年共同制定並發表的安全交易協定，並陸續獲得 IBM、Microsoft、HP 及 Compaq 等軟硬體大廠的支持，加上 SET 安全機制採用非對稱鍵值加密系統的編碼方式，並採用知名的 RSA 及 DES 演算法技術，讓傳輸於網路上的資料更具有安全性。

■ Secure Socket Layer, SSL（網路安全傳輸協定）：於 1995 年間由網景（Netscape）公司所提出，是一種 128 位元傳輸加密的安全機制，目前大部分的網頁伺服器或瀏覽器，都能夠支援 SSL 安全機制。

■ Segmentation（市場區隔）：是指任何企業都無法滿足所有市場的需求，應該著手建立產品的差異化，企業在經過分析市場的機會後，接著便在該市場中選擇最有利可圖的區隔市場，並且集中企業資源與火力，強攻下該市場區隔的目標市場。

- **Service Provider（服務提供者）**：是比傳統服務提供者更有價值、便利與低成本的網站服務，收入可包括訂閱費或手續費。例如翻開報紙的求職欄，幾乎都被五花八門分類小廣告佔領所有廣告版面，而一般正當的公司企業，除了偶爾刊登求才廣告來塑造公司形象外，大部分都改由網路人力銀行中尋找人才。

- **Session（工作階段）**：代表指定的一段時間範圍內在網站上發生的多項使用者互動事件；舉例來說，一個工作階段可能包含多個網頁瀏覽、滑鼠點擊事件、社群媒體連結和金流交易。當一個工作階段的結束，可能就代表另一個工作階段的開始。一位使用者可開啟多個工作階段。

- **Sharing Economy（共享經濟）**：這種模式的成功取決於建立互信，以合理的價格與他人共享資源，同時讓閒置的商品和服務創造收益，讓有需要的人得以較便宜的代價借用資源。

- **Shopping Cart Abandonment, CTAR（購物車放棄率）**：是指顧客最後拋棄購物車的數量與總購物車成交數量的比例。

- **Six Degrees of Separation（六度分隔理論）**：哈佛大學心理學教授米爾格藍（Stanely Milgram）所提出的「六度分隔理論」運作，是說在人際網路中，要結識任何一位陌生的朋友，中間最多只要通過六個朋友就可以。換句話說，最多只要透過六個人，你就可以連結到全世界任何一個人。例如像 Facebook 類型的 SNS 網路社群就是六度分隔理論的最好證明。

- **Social Media Marketing（社群行銷）**：就是透過各種社群媒體網站，讓企業吸引顧客注意而增加流量的方式。由於大家都喜歡在網路上分享與交流，透過朋友間的串連、分享、社團、粉絲頁與動員令的高速傳遞，創造了互動性與影響力強大的平台，進而提高企業形象與顧客滿意度，並間接達到產品行銷及消費，所以被視為是便宜又有效的行銷工具。

- **Social Networking Service, SNS（社群網路服務）**：Web 2.0 體系下的一個技術應用架構，隨著各類部落格及社群網站（SNS）的興起，網路傳遞的主控權已快速移轉到網友手上，從早期的 BBS、論壇，一直到近期的部落格、Plurk（噗浪）、Twitter（推特）、Pinterest、Instagram、微博、Facebook 或 YouTube 影音社群，主導了整個網路世界中人跟人的對話。

- **Social Traffic（社交媒體流量）**：社交媒體是指透過社群網站的管道來拜訪你的網站的流量，例如 Facebook、IG、Google+，當然來自社交媒體也區分為免費及付費，藉由這些管道的流量分析，可以作為投放廣告方式及預算的決策參考。

- **Social、Location、Mobile, SoLoMo（SoLoMo 模式）**：是由 KPCB 合夥人 John Doerr 在 2011 年提出的一個趨勢概念，強調「在地化的行動社群活動」，主要是因為行動裝置的普及和無線技術的發展，讓 Social（社交）、Local（在地）、Mobile（行動）三者合一能

更為緊密結合，顧客會同時受到社群（Social）、行動裝置（Mobile）、以及本地商店資訊（Local）的影響。

- Spam（垃圾郵件）：網路上亂發的垃圾郵件之類的廣告訊息。

- Spark：Apache Spark，是由加州大學柏克萊分校的 AMPLab 所開發，是目前大數據領域最受矚目的開放原始碼（BSD 授權條款）計畫，Spark 相當容易上手使用，可以快速建置演算法及大數據資料模型，目前許多企業也轉而採用 Spark 做為更進階的分析工具，也是目前相當看好的新一代大數據串流運算平台。

- Start Page（起始網頁）：訪客用來搜尋您網站的網頁。

- Stay at Home Economic（宅經濟）：這個名詞迅速火紅，如「宅男、宅女」這名詞是從日本衍生而來，指許多整天在家中看影音、玩線上遊戲等的消費群，在這一片不景氣當中，宅經濟帶來的「宅」商機卻創造出另一個經濟奇蹟，也為遊戲產業注入一股新的活水。

- Streaming Media（串流媒體）：是近年來熱門的網路多媒體傳播方式，它是將影音檔案經過壓縮處理後，再利用網路上封包技術，將資料流不斷地傳送到網路伺服器，而用戶端程式則會將這些封包一一接收與重組，即時呈現在用戶端的電腦上，讓使用者可依照頻寬大小來選擇不同影音品質的播放。

- Structured Data（結構化資料）：指目標明確，有一定規則可循，每筆資料都有固定的欄位與格式，偏向一些日常且有重覆性的工作，例如薪資會計作業、員工出勤記錄、進出貨倉管記錄等。

- Structured Schema（結構化模式）：是指放在網站後台的一段 HTML 中程式碼與標記，用來簡化並分類網站內容，讓搜尋引擎可以快速理解網站，好處是可以讓搜尋結果呈現最佳的表現方式，然後依照不同類型的網站就會有許多不同資訊分類，例如在健身網頁上，結構化資料就能分類工具、體位和體脂肪、熱量、性別等內容。

- Supply Chain Management, SCM（供應鏈管理）：目標是將上游零組件供應商、製造商、流通中心，以及下游零售商上下游供應商成為夥伴，以降低整體庫存之水準或提高顧客滿意度為宗旨。如果企業能作好供應鏈的管理，可大幅提高競爭優勢，而這也是企業不可避免的趨勢。

- Supply Chain（供應鏈）：目標是將上游零組件供應商、製造商、流通中心，以及下游零售商供應商組成夥伴，以降低整體庫存之水準或提高顧客滿意度為宗旨。

- Supply Side Platform, SSP（供應方平台）：幫助網路媒體（賣方，如部落格、FB 等），託管其廣告位和廣告交易，就是擁有流量的一方，出版商能夠在 SSP 上管理自己的廣告位，可以獲得最高的有效展示費用。

- SWOT Analysis（SWOT 分析）：是由世界知名的麥肯錫諮詢公司所提出，又稱為態勢分析法，是一種很普遍的策略性規劃分析工具。當使用 SWOT 分析架構時，可以從對企業內部優勢與劣勢與面對競爭對手所可能的機會與威脅來進行分析，然後從面對的四個構面深入解析，分別是企業的優勢（Strengths）、劣勢（Weaknesses）、與外在環境的機會（Opportunities）和威脅（Threats），就此四個面向去分析產業與策略的競爭力。

- Target Audience, TA（目標受眾）：又稱為目標顧客，是一群有潛在可能會喜歡你品牌、產品或相關服務的消費者，也就是一群「對的消費者」。

- Target Keyword（目標關鍵字：）就是網站確定的主打關鍵字，也就是網站上目標使用者搜索量相對最大與最熱門的關鍵字，會為網站帶來大多數的流量，並在搜尋引擎中獲得排名的關鍵字。

- Targeting（市場目標）：是指完成了市場區隔後，我們就可以依照我們的區隔來進行目標的選擇，把這適合的目標市場當成你的最主要的戰場，將目標族群進行更深入的描述，設定那些最可能族群，從中選擇適合的區隔做為目標對象。

- The Long Tail（長尾效應）：Chris Anderson 於 2004 年首先提出長尾效應的現象，也顛覆了傳統以暢銷品為主流的觀念，過去一向不被重視，在統計圖上像尾巴一樣的小眾商品，因為全球化市場的來臨，即眾多小市場匯聚成可與主流大市場相匹敵的市場能量，可能就會成為具備意想不到的大商機，足可與最暢銷的熱賣品匹敵。

- The Sharing Economy（共享經濟）：這樣的經濟體系是讓個人都有額外創造收入的可能，就是透過網路平台所有的產品、服務都能被大眾使用、分享與出租的概念，例如類似計程車「共乘服務」（Ride-sharing Service）的 Uber。

- The Two Tap Rule（兩次點擊原則）：一旦你打開你的 App，如果要點擊兩次以上才能完成使用程序，就應該馬上重新設計。

- Third-Party Payment（第三方支付）：就是在交易過程中，除了買賣雙方外，由具有實力及公信力的「第三方」設立公開平台，做為銀行、商家及消費者間的服務管道代收與代付金流，就可稱為第三方支付。第三方支付機制建立了一個中立的支付平台，為買賣雙方提供款項的代收代付服務。

- Traffic（流量）：是指該網站的瀏覽頁次（Page View）的總合名稱，數字愈高表示你的內容被點擊的次數越高。

- Trueview（真實觀看）：通常廣告出現 5 秒後便可以跳過，但觀眾一定要看滿 30 秒才算有效廣告，這種廣告被稱為「Trueview」，YouTube 會向廣告主收費後，才會分潤給 YouTuber。

- Trusted Service Manager, TSM（信任服務管理平台）：是銀行與商家之間的公正第三方安全管理系統，也是一個專門提供 NFC 應用程式下載的共享平台，主要負責中間的資料交換與整合，在台灣建立 TSM 平台的業者共有四家，商家可向 TSM 請款，銀行則付款給 TSM。

- Ubiquinomics（隨經濟）：盧希鵬教授所創造的名詞，是指因為行動科技的發展，讓消費時間不再受到實體通路營業時間的限制，行動通路成了消費者在哪裡，通路即在哪裡，消費者隨時隨處都可以購物。

- Ubiquity（隨處性）：能夠清楚連結任何地域位置，除了隨處可見的行銷訊息，還能協助客戶隨處了解商品及服務，滿足使用者對即時資訊與通訊的需求。

- Uniform Resource Locator, URL（全球資源定址器）：主要是在 WWW 上指出存取方式與所需資源的所在位置來享用網路上各項服務，也可以看成是網址。

- Unique Page View（不重複瀏覽量）：是指同一位使用者在同一個工作階段中產生的網頁瀏覽，也代表該網頁獲得至少一次瀏覽的工作階段數（或稱拜訪次數）。

- Unique User, UV（不重複訪客）：在特定的時間內所獲得的不重複（只計算一次）訪客數目。

- Unstructured Data（非結構化資料）：是指那些目標不明確，不能數量化或定型化的非固定性工作、讓人無從打理起的資料格式，例如社交網路的互動資料、網際網路上的文件、影音圖片、網路搜尋索引、Cookie 記錄、醫學記錄等資料。

- Upselling（向上銷售、追加銷售）：鼓勵顧客在購買時是最好的時機進行追加銷售，能夠銷售出更高價或利潤率更高的產品，以獲取更多的利潤。

- Urchin Tracking Module, UTM：是指一段可以自行定義編碼並加在網址後面的參數，只要點擊到帶有這段參數的連結，Google Analytics 都會記錄其來源與在網站中的行為。

- User Experience, UX（使用者體驗）：著重在「產品給人的整體觀感與印象」，這印象包括從行銷規劃開始到使用時的情況，也包含程式效能與介面色彩規劃等印象。所以設計師在規劃設計時，不單只是考慮視覺上的美觀清爽而已，還要考慮使用者使用時的所有細節與感受。

- User Generated Content, UCG（使用者創作內容）：是代表由使用者來創作內容的一種行銷方式，這種聚集網友創作來內容，也算是近年來蔚為風潮的內容行銷手法的一種。

- User Interface, UI（使用者介面）：是一種虛擬與現實互換資訊的橋樑，以浩瀚的網際網路資訊來說，UI 是人們真正會使用的部分，它算是一個工具，用來和電腦做溝通，以便讓瀏覽者輕鬆取得網頁上的內容。

- User（使用者）：在 GA 中，使用者指標是用識別使用者的方式（或稱不重複訪客），所謂使用者通常指同一個人，「使用者」指標會顯示與所追蹤的網站互動的使用者人數。例

如如果使用者 A 使用「同一部電腦的相同瀏覽器」在一個禮拜內拜訪了網站 5 次，並造成了 12 次工作階段，這種情況就會被 Google Analytics 記錄為 1 位使用者、12 次工作階段。

■ Video On Demand, VoD（**隨選視訊**）：是一種嶄新的視訊服務，使用者可不受時間、空間的限制，透過網路隨選即時播放影音檔案，並且可以依照個人喜好「隨選隨看」，不受播放權限、時間的約束。

■ Viral Marketing（**病毒式行銷**）：身處在數位世界，每個人都是一個媒體中心，可以快速地自製並上傳影片、圖文，行銷如病毒般擴散，並且一傳十、十傳百地快速轉寄這些精心設計的商業訊息，病毒行銷要成功，關鍵是內容必須在「吵雜紛擾」的網路世界脫穎而出，才能成功引爆話題。

■ Virtual Hosting：（虛擬主機）是網路業者將一台伺服器分割模擬成為很多台的「虛擬」主機，讓很多個客戶共同分享使用，平均分攤成本，也就是請網路業者代管網站的意思，對使用者來說，就可以省去架設及管理主機的麻煩。

■ Virtual Reality Modeling Language, VRML（**虛擬實境技術**）：是一種程式語法，主要是利用電腦模擬產生一個三度空間的虛擬世界，提供使用者關於視覺、聽覺、觸覺等感官的模擬，利用此種語法可以在網頁上建造出一個 3D 的立體模型與立體空間。VRML 最大特色在於其互動性與即時反應，可讓設計者或參觀者在電腦中就可以獲得相同的感受，如同身處在真實世界一般，並且可以與場景產生互動，360 度全方位地觀看設計成品。

■ Virtual YouTuber, Vtuber（**虛擬頻道主**）：他們不是真人，而是以虛擬人物（如動畫、卡通人物）來進行 YouTube 平台相關的影音創作與表現。

■ Visibility（**廣告能見度**）：就是指廣告有沒有被網友給看到，也就是確保廣告曝光的有效性，例如以 IAB ／ MRC 所制定的基準，是指影音廣告有 50% 在持續播放過程中至少可被看見兩秒。

■ Voice Assistant（**語音助理**）：就是依據使用者輸入的語音內容、位置感測而完成相對應的任務或提供相關服務，讓你完全不用動手，輕鬆透過說話來命令機器打電話、聽音樂、傳簡訊、開啟 App、設定鬧鐘等功能。

■ Web Analytics（**網站分析**）：所謂網站分析就是透過網站資料的收集，進一步作為網站訪客行為的研究，接著彙整成有用的圖表資訊，透過這些所得到的資訊與關鍵績效指標來加以判斷該網站的經營情況，以作為網站修正、行銷活動或決策改進的依據。

■ Webinar：是指透過網路舉行的專題討論或演講，稱為「網路線上研討會」（Web Seminar 或 Online Seminar），目前多半可以透過社群平台的直播功能，提供演講者與參與者更多互動的新式研討會。

- Website（網站）：就是用來放置網頁（Page）及相關資料的地方，當我們使用工具設計網頁之前，必須先在自己的電腦上建立一個資料夾，用來儲存所設計的網頁檔案，而這個檔案資料夾就稱為「網站資料夾」。

- White Hat SEO（白帽 SEO）：所謂白帽 SEO 是腳踏實地來經營 SEO，也就是以正當方式優化 SEO，核心精神是只要對用戶有實質幫助的內容，排名往前的機會就能提高，例如加速網站開啟速度、選擇適合的關鍵字、優化使用者體驗、定期更新貼文、行動網站優先、使用較短的 URL 連結等。

- Widget Ad：是一種桌面的小工具，可以在電腦或手機桌面上獨立執行，讓店家花極少的成本，就可迅速匯集超人氣，由於手機具有個人化的優勢，算是目前市場滲透率相當高的行銷裝置。